개정판

현미경으로 본 세상

컴 웰 투 더 마이크로월드

홍영식 지음

이치 ichi SCIENCE

추천의 글

　참 특이하고도 눈에 쏙 들어오는 과학관찰에 관한 책이 출간되었습니다. 디지털 현미경을 통하여 우리 생활에서 흔히 접하게 되는 사물을 직접 관찰하면서, 그 사물에 과학지식이 어떻게 활용되고 있는가를 보여주고 있습니다.

　이 책은 저자가 직접 관찰한 사진과 함께 그동안 우리들이 궁금해 하던 미시세계에 대한 내용을 담고 있습니다. 이 책을 읽고 나면 우리 주변의 모든 사물을 현미경을 통해 확대해 보려는 충동이 생길지도 모릅니다.

　이 책의 저자인 홍영식 박사는 서울교육대학교 과학교육과 교수로 교육현장에서 어떻게 하면 학생들이 '과학적 사실'을 직접 눈으로 보고 과학지식을 이해할 수 있을까 하는 살아있는 과학교육법에 대한 고민이 많았습니다. 그 결과, 그 동안 과학교육용으로 준비한 20가지 사물에 관한 실험관찰을 이 책을 통해 세상에 내놓게 되었다고 합니다. 이것은 분명히 뜻있고 바람직스러운 일이라고 생각합니다.

　이 책은 과학을 어려워하는 초·중·고등학생들에게 흥미로움을 줄 뿐만 아니라, 현장교사들에게도 유용한 교수-학습 자료로 활용될 수 있을 것으로 믿습니다. 물론 일반인들에게는 훌륭한 과학 교양 서적이 될 것이라 확신합니다.

2008년 9월 김 시 중
고려대학교 명예교수
제14대 과학기술처 장관

들어가며

안녕하세요?

저는 여러분들을 《웰컴 투 더 마이크로월드》로 안내할 홍박사입니다.

알고 있나요? 우리 주위에 있는 다양한 사물들을 현미경으로 확대해 보면, 그 안에는 말로 형용할 수 없을 정도로 아름답고 신비한 마이크로월드(microworld)가 펼쳐져 있지요. 예를 들어 식물의 기공이나 곤충의 겹눈 등에는 우리의 상상을 뛰어넘는 훨씬 더 큰 세상이 있습니다. 그리고 이러한 것들에는 우연히 만들어진 것이 아니라 정교한 설계도를 따라서 창조된 것과 같은 질서와 과학적인 진리가 담겨 있지요. 마치 자동차나 컴퓨터가 과학자와 기술자들의 설계에 의해 만들어진 것처럼 말이에요.

그렇다면 현미경으로 생물만 관찰할 수 있나요? 그렇지 않아요. 무엇이든지 관찰할 수 있으며, 그 안에는 과학이 살아 숨쉬고 있습니다. 어떤 것이 있을까요? 무지개 색깔을 나타내는 전복 껍질과 콤팩트디스크(compact disk, CD)에는 일정한 간격의 회절 무늬가 있습니다. 지폐에는 위조를 방지하기 위한 미세문자가 새겨져 있지요. 그리고 알록달록한 모래알, 점묘화와 같은 컬러 인쇄, 수많은 화소로 구성된 휴대폰 화면, 미세한 구멍이 많은 커피 알갱이, 아름다운 설탕과 소금 결정 등 그 수는 헤아릴 수 없을 정도로 많습니다.

《웰컴 투 더 마이크로월드》에서는 이것들을 디지털 현미경으로 살펴 봄으로써 여러분들을 상상의 날개를 마음껏 펼칠 수 있는 과학의 세계로 안내할 거예요. 이를 통하여 과학이란 멀리 있는 것이 아니라 항상 우리 곁에서 숨쉬고 있다는 것을 깨닫게 될 것입니다.

특히 《웰컴 투 더 마이크로월드》는 과학적 지식들을 단순하게 편집한 것이 아니라, 현미경으로 관찰한 사진들을 이용하여 설명한 책이에요. 따라서 이 책은 초·중·고 학생들뿐만 아니라, 현장 교사들에게는 유용한 교수-학습 자료로, 그리고 대학생들과 일반인들에게는 훌륭한 과학 교양 서적이 될 것입니다. 또한 500배 배율 내에서 관찰한 사진을 사용하였기 때문에 현장에서 보다 쉽게 적용할 수 있을 것입니다.

20여 개의 주제로 구성된 각 장의 첫 페이지에는 디지털 현미경으로 관찰한 것을 예상해 보는 Quiz가 제시되어 있어요. 본문은 주제와 관련된 내용들을 질문과 답변으로 설명하였습니다. 그리고 '앗! 궁금해요' 에서는 여러분들이 궁금해 하는 내용을 보충해서 설명했어요.

《웰컴 투 더 마이크로월드》가 출판될 수 있도록 후원을 해주신 LG상남도서관(http://www.lg-sl.net/)과 북스힐 출판사에 감사를 드립니다. 또한 홍박사의 캐릭터와 본문 내용들을 검토해 주신 여러 선생님들과 서울교육대학교 모든 식구들, 하은, 대범, 그리고 아내에게 깊은 사랑을 전합니다.

홍박사와 함께하는 《웰컴 투 더 마이크로월드》를 통하여 신기한 세상으로의 재미있고 신나는 과학 여행이 되길 바라며…

2008년 9월
서초동에서 지은이 씀

서울교육대학교 연금술사 클럽 메인 화면

차 례

추천의 글 ... 3

들어가며 ... 4

현미경의 역사와 종류 ... 10

생활일반

1. 백원의 차이 일반커피와 고급커피 ... 18

2. 소금의 품격 굵은 소금, 꽃소금, 맛소금 ... 28

3. 돈이 보인다 미세문자와 위조지폐 ... 38

빛과 색

4. 디스플레이 장치 빛의 삼원색, RGB ... 54

5. 점박이 마을 인쇄 색상 ... 66

6. 무지개 뜨는 마을 CD와 홀로그램 ... 76

고분자

7. 겨울, 춥지 않나요? 스타킹 ... 86

8. 아빠의 넥타이 의류 ... 94

9. 모래시계의 모래는 모래가 아니다? 모래 ... 100

 ## 인체

10. 세월의 흐름 **흰머리와 새치** ... 112
11. 치카치카 이를 닦자 **충치** ... 120
12. 손을 깨끗이 씻자 **때** ... 132

 ## 동물

13. 나방아 나방아 이리 날아 오너라 **인분** ... 142
14. 엄마의 마음 **누에나방** ... 150
15. 나 잡아 봐라~ **곤충의 겹눈** ... 160
16. 나를 빼고 표면장력을 논하지 말라! **소금쟁이** ... 170
17. 어물전 망신은 꼴뚜기가? **보호색** ... 176

 ## 식물

18. 식물도 숨을 쉰다 **기공** ... 186
19. 광합성 **녹말** ... 196
20. 우리 것? **토종민들레** ... 204

책을 마치며 ... 214

찾아보기 ... 216

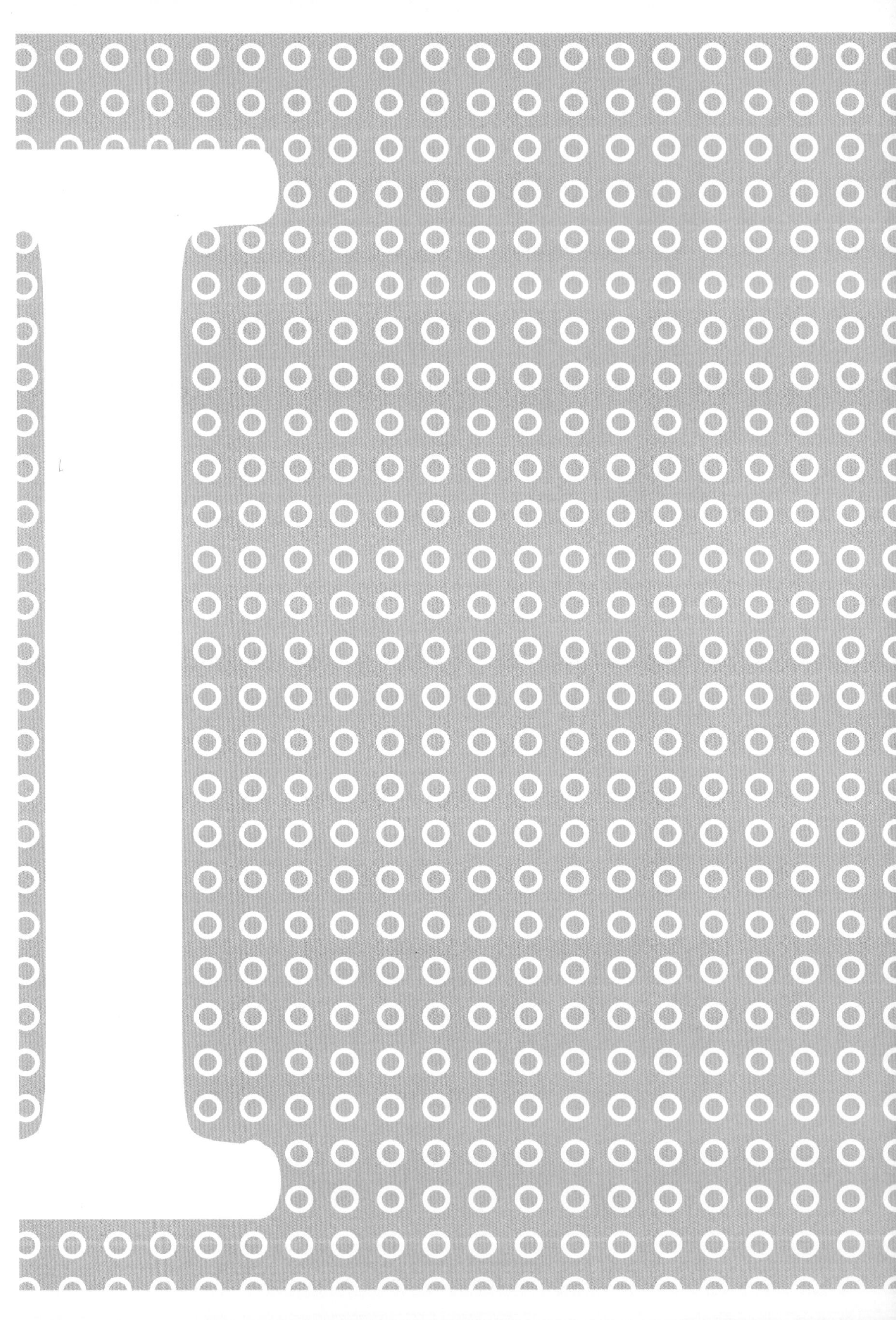

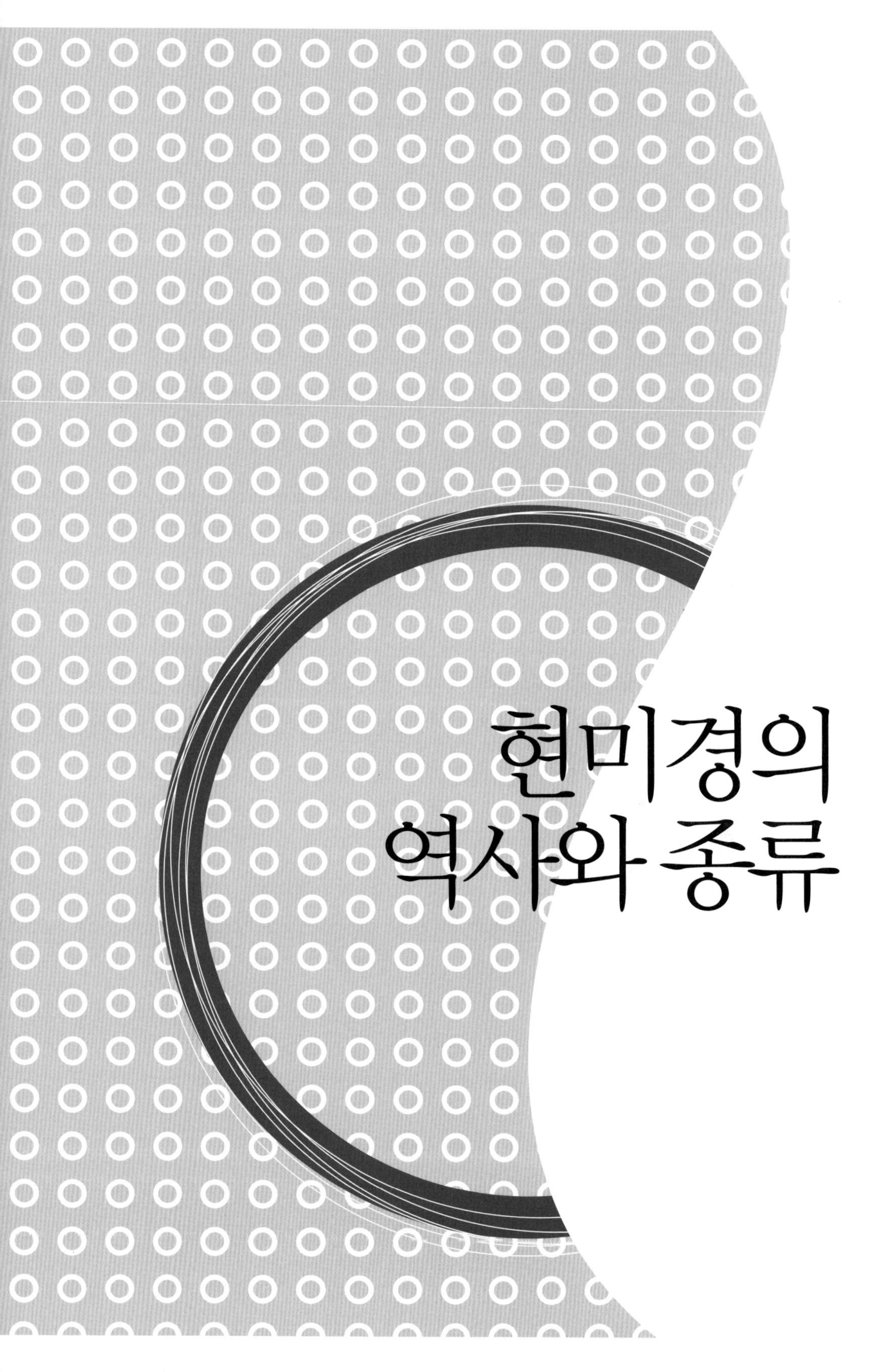

현미경의 역사와 종류

현미경(microscope)이란 작은 물체의 상을 확대시키는 장치입니다. 이러한 현미경의 역사와 종류, 그리고 《웰컴 투 더 마이크로월드》에서 사용한 디지털 현미경에 대하여 간단히 살펴볼까요?

현미경의 역사

최초의 현미경은 1595년 얀센(Z. Janssen, 네덜란드)이 두 개의 볼록렌즈를 겹쳐서 만든 단순한 모양이었습니다. 이것으로 벼룩을 최초로 자세히 관찰했기 때문에 약 200년 동안 벼룩안경이라 불렸지요.

이후 레벤후크(A. van Leeuwenhoek, 네덜란드)는 다양한 현미경을 개발하였습니다. 그는 40~270배 배율의 현미경으로 사람의 정자와 적혈구뿐만 아니라 당시에는 상상도 할 수 없었던 박테리아를 발견하였지요. 이를 계기로 그는 미생물을 본격적으로 연구하여, 1695년에 《현미경으로 밝혀진 자연의 비밀》을 출판하였습니다. 대단하지요?

후크의 법칙을 발견한 후크(R. Hooke, 영국)도 독자적으로 현미경을 개발하였습니다. 그는 코르크 나무 껍질에서 생명체의 기본 구조인 세포(cell)를 발견하였으며, 1665년에 《마이크로그라피아(Micrographia)》를 출판하였습니다.

파스퇴르(L. Pasteur, 프랑스)는 성능이 크게 향상된 현미경으로 많은 미생물을 발견하였습니다. 그리고 탄저병*, 광견병** 에 대한 백신을 개발함으로써 인류를 많은 질병으로부터 해방시킬 수 있었지요. 이처럼 현미경은 과학뿐만 아니라 인류의 역사에서 큰 기여를 했던 것입니다. 이러한 현미경에는 어떠한 것들이 있을까요?

현미경의 종류

현미경에는 빛을 이용하여 사물을 천 배 정도로 확대할 수 있는 광학 현미경, 전자를 이용하여 수십만 배까지 확대할 수 있는 전자 현미경이 있지요. 그리고 원자들 간의 상호 작용을 이용하여 수천만 배의 배율로 원자까지도 직접 관찰할 수 있는 주사 탐침 현미경도 있습니다.

1) 광학 현미경(optical microscopy)

가장 보편적으로 사용되는 광학 현미경은 가시광선의 빛을 프레파라트에 빛을 비추면 시편을 통과한 빛이 프레파라트와 접하는 대물렌즈에 의해 확대됩니다. 그리고 확대된 상은 눈과 접하는 접안렌즈로 더 크게 확대됩니다. 그러나 광학 현미경은 빛을 이용하기 때문에 사물을 약 1,000배 이상 확대할 수 없으며 빛의 파장보다 작은 물체는 상을 뚜렷하게 관찰하기 어렵습니다.

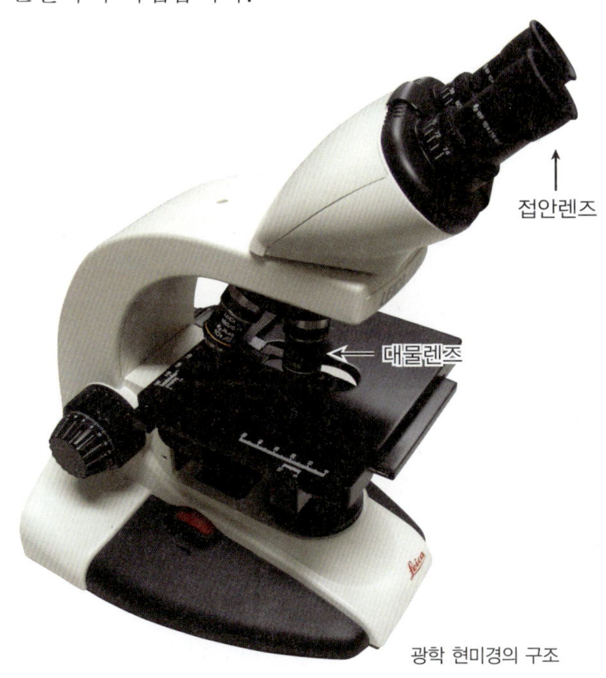

광학 현미경의 구조

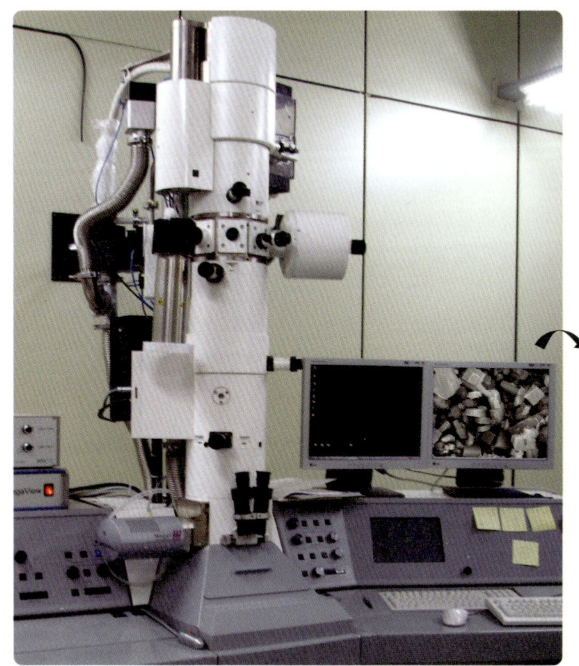
주사 전자 현미경

전자 현미경으로 5,000배 확대한 입자

2) 전자 현미경(electron microscopy)

전자 현미경은 빛 대신에 전자를 이용합니다. 어떤 차이가 있을까요? 빛의 파장은 일정하지만, 전자의 파장은 전자의 속도에 반비례하지요. 따라서 전압을 높여서 전자의 속도를 빠르게 하면 파장이 짧아지기 때문에, 광학 현미경보다 훨씬 더 작은 물체도 관찰할 수 있습니다.

전자 현미경은 전자를 시편에 쏘아줄 때, 시편의 표면에서 발생하는 전자를 검출하는 주사 전자 현미경(scanning electron microscopy)과, 얇은 시편을 통과한 전자를 이용하는 투과 전자 현미경(transmission electron microscopy)이 있지요. 눈으로 보면 단순한 가루와 같은 시편도 주사 전자 현미경으로 확대하면 위 사진처럼 사각형의 판자와 같은 모양인 것을 알 수 있습니다.

3) 주사 탐침 현미경(scanning probe microscopy)

원자 현미경으로 불리는 이 현미경은 양자역학*에서 나타나는 터널링 현상을 이용한 주사 터널링 현미경(scanning tunneling microscopy)과 원자들 간의 힘을 이용한 원자힘 현미경(atomic force microscopy)이 있습니다.

터널링 현상이란 무엇일까요? 일반적으로 두 개의 도체** 사이에 전류가 흐르려면 접촉이 있어야 합니다. 그런데 크기가 매우 작은 도체를 가까이 접근시킨 후 전압을 가하면 접촉하지 않더라도 전류가 흐르는데, 이것을 터널링 현상이라고 하지요. 주사 터널링 현미경은 이러한 터널링 현상에 의해 탐침과 시편 사이에 흐르는 전류를 측정하여 시편의 상을 관찰하는 것입니다. 그러나 부도체***인 시편에는 사용할 수 없는 단점이 있어요.

● **양자역학**
분자나 원자와 같은 매우 작은 입자의 운동 법칙을 다루는 이론

●● **도체**
금속처럼 전기나 열을 전달하는 물질

●●● **부도체**
유리, 도기, 플라스틱처럼 전기가 잘 통하지 않는 물질

원자힘 현미경의 탐침과 캔틸레버

부도체의 경우 캔틸레버의 탐침과 시편 사이의 작용하는 힘이 거리에 따라서 다른 것을 이용하여 만든 원자힘 현미경으로 관찰합니다. 즉, 탐침과 시편이 멀어지면 탐침 끝의 원자와 시편의 원자들 사이의 당기는 힘이 작용하기 때문에 캔틸레버가 휘지요. 이때 캔틸레버가 휘는 정도를 레이저로 측정하여 시편의 표면을 관찰하는 것입니다.

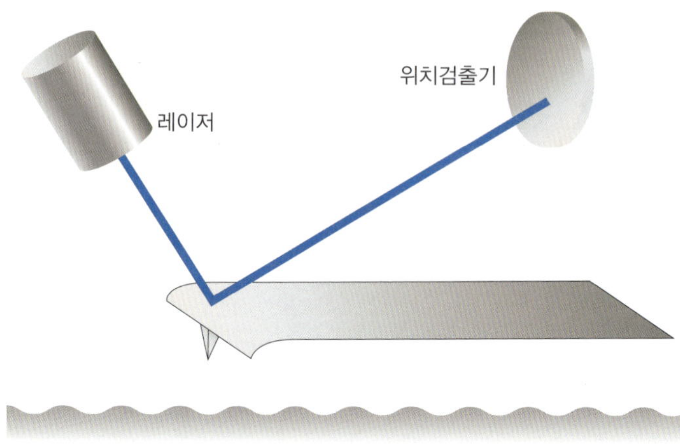

원자힘 현미경의 원리

4) 디지털 현미경(digital microscopy)

최근에는 전자 기술의 발달로 인해 광학 현미경의 접안 렌즈 대신에 USB로 컴퓨터에 연결하여 모니터로 상을 확인할 수 있는 디지털 현미경이 개발되었습니다. 디지털 현미경은 본체, 대물렌즈, 컴퓨터 모니터, USB로 구성되며 다음과 같은 특징이 있지요.

● USB
universal serial bus, 범용 직렬 버스

디지털 현미경으로 확대된 나방의 날개

1. 크기가 작고 휴대가 간편하며, 가격이 비교적 저렴하다.

2. 대물렌즈에 부착된 발광 다이오드에서 나온 빛이 시편에서 반사되는 것을 이용하기 때문에 프레파라트를 얇게 만들지 않아도 쉽게 사물을 관찰할 수 있다.

3. 현미경 본체를 스탠드로부터 분리하여 사용할 수 있으며, 조작이 간편하다.

4. 이미지 파일뿐만 아니라 동영상 파일도 저장할 수 있다.

《웰컴 투 더 마이크로월드》에서 사용한 현미경은 30배, 50배, 200배 그리고 500배 배율의 대물렌즈가 있는 디지털 현미경입니다.

자! 그럼 이제부터 아름답고 신비한 마이크로월드로 초대한 주인공들을 찾아서 모두 함께 떠나 볼까요? 출발~

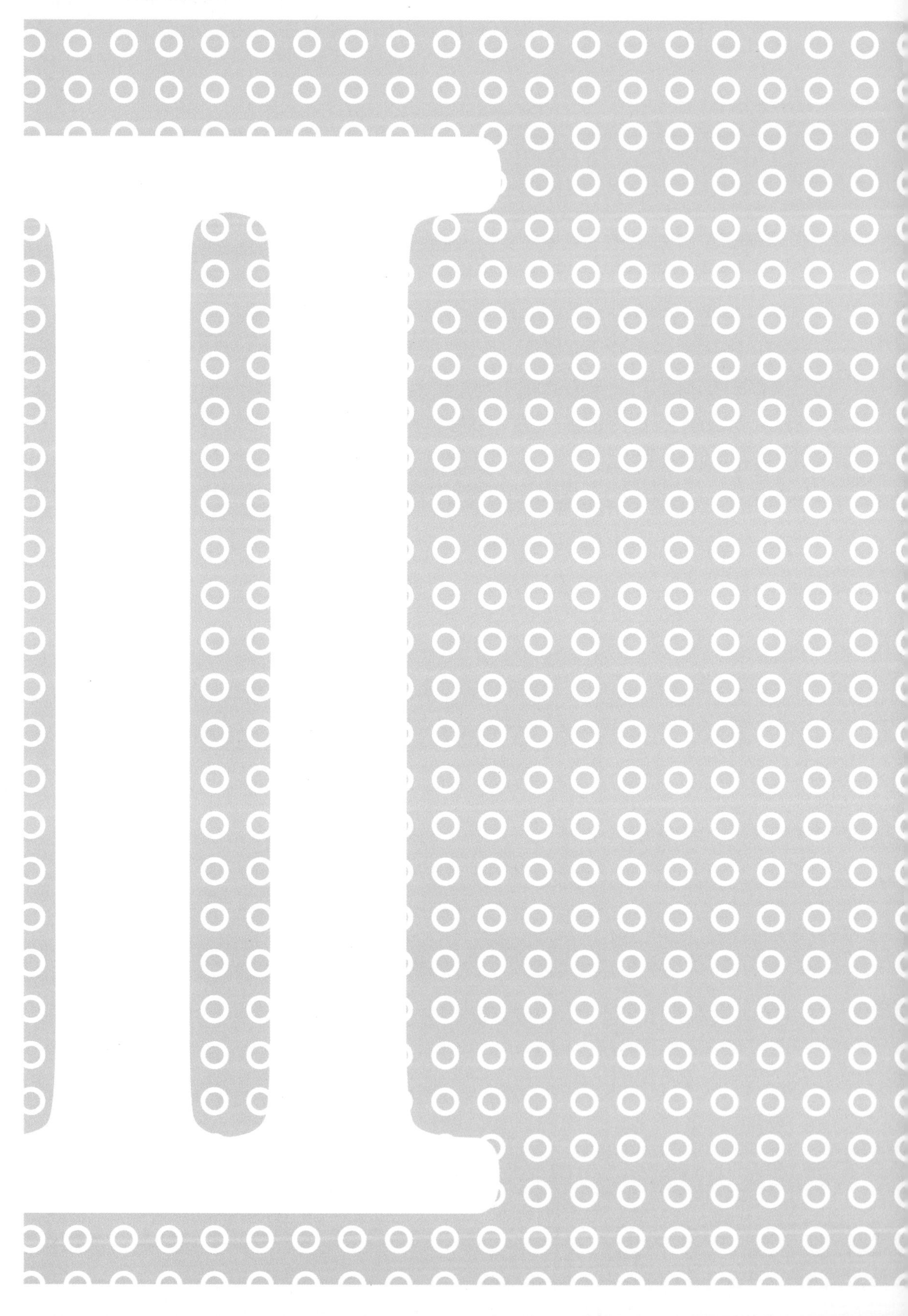

생활 일반

1. 백원의 차이

2. 소금의 품격

3. 돈이 보인다

Quiz

이것은 무엇일까요?

(50배)

30배, 50배, 200배, 500배로 확대할 경우 사진 전체 가로의 길이는 각각 1 cm, 5 mm, 2 mm, 0.5 mm 정도이다.

마치 돌멩이처럼 생긴 이것은 무엇일까요? 구멍이 숭숭 뚫려있는 갈색의 현무암인가요? 지구상에 가장 많이 존재하는 화산암인 현무암은 일반적으로 검은색이지만 산화 작용에 의해 갈색이나 붉은색을 띠기도 합니다. 또한 변성작용°에 의해 마그네슘이나 철이 많이 포함된 녹니석이 생성되면 녹색을 나타내기도 하지요.

현무암은 매우 단단하여 건축용 재료로 많이 사용됩니다. 우리나라에서는 주로 제주도, 백두산, 울릉도, 한탄강 등지에 많이 분포되어 있지요.

그러나 이것은 현무암이 아니라 설탕 및 크림과 함께 따뜻한 물에 타서 즐겨 마시는 기호식품°°이에요. 여름에는 얼음을 넣어서 시원하게 마시기도 하지요.

우리나라에서는 고종 임금님께서 아관파천°°° 했을 당시에 처음으로 마셨다고 합니다. 그러나 이것을 많이 마시면 카페인 과다 섭취로 인한 부작용이 있지요. 카페인은 신경 흥분제로서 각성 효과가 있으며, 가슴 두근거림, 이뇨 작용과 같은 생리 현상을 일으키기 때문입니다. 그러나 음식이나 음료로부터 섭취하는 양으로는 큰 영향을 미치지 않습니다. 그렇다면 이것은 무엇일까요?

대만의 야류 국립해상공원에 있는 갈색 현무암

1. 백원의 차이

일반커피와 고급커피

　커피는 오늘날 전세계적으로 1년에 약 800억 달러 정도의 무역 거래가 이루어지고 있습니다. 거래 금액을 기준으로 하면 석유 산업 다음으로 큰 규모이지요. 이러한 커피는 우리의 일상 생활에 깊숙이 자리잡고 있습니다. 사무실에서 일하거나 혹은 공부하다가 자판기에서 뽑아 마시는 한 잔의 커피는 우리의 입맛을 사로잡는 강렬한 맛이 있습니다.

　그런데 커피 자판기에서 판매되는 커피에는 여러 종류가 있지요? 커피만 넣은 블랙커피, 커피와 설탕이 들어있는 설탕커피, 그리고 커피, 설탕, 크림이 모두 들어있는 밀크커피가 있습니다. 게다가 이들은 일반커피와 고급커피로 나누어 판매되고 있지요. 그렇다면 이 둘의 차이는 과연 무엇일까요?

　많은 사람들은 커피 자판기 앞에서 잠깐 고민을 하게 됩니다. 일반커피를 마실까? 아니면 백원이 비싼 고급커피를 마실까? 어떤 사람은 '똑같다' 면서 일반커피를 마시지만, 어떤 사람은 '맛과 향이 다르다' 면서 고급커피를 마시기도 하지요. 그렇다면 일반커피를 마시는 사람의 입맛이 무딘 것일까요? 아니면 정말로 고급커피의 맛과 향이 더 좋은 것일까요?

어떤 차이가 있나요?

일반커피와 고급커피의 차이를 알려면 커피의 제조 과정을 알아야 합니다. 먼저 커피는 배전˙(roasting) 과정을 거친 커피콩을 잘게 부숩니다. 그리고 그 속에 포함된 커피 성분을 따뜻한 물로 추출한 다음, 물을 증발시켜서 진한 커피 추출 액으로 만들지요.

이러한 추출 액을 완전히 건조시켜서 커피 분말을 얻는 방법에는 분무건조와 냉동건조 방법이 있습니다. 일반커피와 고급커피의 차이는 바로 이러한 건조 방법의 차이에 있어요.

분무건조(spray drying)란 커피 추출 액을 160~260 ℃로 가열된 뜨거운 건조기 안으로 분무하여, 수분을 증발시켜서 커피 분말을 만드는 방법입니다. 이 경우 커피를 만드는 비용이 적게 들지만, 커피의 맛과 향을 내는 물질들이 수분과 함께 증발되기 때문에 커피의 맛과 향이 약해지게 됩니다. 이 커피는 물에 잘 녹지 않기 때문에 습도가 일정한 항습 장치에서 증기에 의해 작은 입자들이 뭉친 과립으로 제조되고 있어요.

반면에 냉동건조(freeze drying)란 커피 추출 액을 영하 40 ℃ 정도로 급속히 냉동시켜 얼린 다음, 압력을 낮추어서 얼음을 승화˙˙시켜 건조시키는 방법입니다. 이 경우 비용은 많이 들지만, 커피의 맛과 향이 잘 보존되지요. 이렇게 만든 분말 커피에는 동그란 구멍들이 많은데, 이것이 바로 얼

배전시키기 전과 배전시킨 후의 커피콩

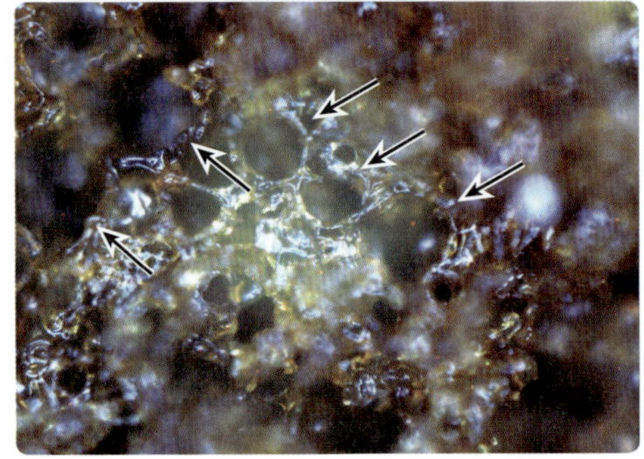

분무건조와 냉동건조 방법으로 만든 커피 알갱이(500배)

음이 빠져 나간 자리입니다. 여기로 물이 잘 스며들기 때문에 이 커피는 물에 잘 녹지요.

따라서 가격이 싼 일반커피는 분무건조 방법으로 만들며, 맛과 향이 좋은 고급커피는 냉동건조 방법으로 만드는 것입니다. 백원의 차이! 그 이유가 있지요? 냉동건조 방법은 맛과 향이 잘 보존되기 때문에 다양한 즉석 식품 및 냉동 음식의 제조에도 널리 사용되고 있습니다.

커피믹스를 보여주세요!

2007년도 최고로 많은 판매량을 기록한 브랜드는 '맥심 모카골드 마일드' 커피믹스로서 초당 159개가 팔렸다고 합니다. 1년 동안 약 50억 개가 판매되었다니 놀랍지요? 그 다음으로 야쿠르트, 바나나 우유, 카페라떼, 하이트 맥주 등이 많이 판매되었습니다.

이처럼 많은 사람들이 즐겨 마시는 커피믹스는 '빨리빨리 문화' 에 의해서 생겨난 우리나라의 독특한 커피 문화로서, 언제 어디서든 쉽고 빠르게 커피를 즐길 수 있는 장점이 있습니다. 우리나라 사람들은 부드럽고, 고소하고 달콤한 커피를 좋아하기 때문에 커피믹스를 흔히 다방커피라고 부르기도 하지요.

그런데 커피믹스에서 커피는 쉽게 구별되는데, 설탕과 크림은 어떻게 구별할까요? 커피믹스의 설탕은 알갱이가 크고 모양이 일정하며 투명하지만 크림은 작고 모양이 불

● 다방커피
커피가 보급될 당시 만남의 장소로 주로 이용하던 다방에서 마시던 커피. 설탕과 크림을 많이 넣기 때문에 단맛이 강하다.

●● 크림
식물성 기름, 우유단백질, 전분당, 유화제, 향료, 안정제, 물엿 등을 혼합하여 만든 것

커피믹스(30배)

규칙하며 불투명하지요. 잘 안보이나요? 설탕과 크림을 따로 확대하면 그 차이를 뚜렷하게 확인할 수 있습니다.

커피믹스는 커피와 설탕 및 크림이 약 1:2:1.4의 비율로 섞여 있습니다. 따라서 커피믹스를 많이 마시면 카페인뿐만 아니라 많은 양의 설탕과 크림도 섭취하게 됩니다. 커피믹스에는 약 4 g의 설탕과 3 g의 프림을 포함하며, 이들은 각각 4 kcal/g, 5.6 kcal/g의 열량을 내기 때문에 커피믹스

설탕 결정(200배)과 크림 입자(50배)

의 총 열량은 약 40 kcal입니다. 따라서 다섯 잔을 마시면 여성의 일일섭취열량●의 10 % 정도가 되기 때문에 비만과 같은 성인병의 원인이 될 수 있습니다.

이뿐만 아니라 설탕은 당뇨, 췌장암 등과도 연관이 있지요. 따라서 성인병을 예방하려면 블랙커피를, 그리고 카페인의 양을 줄이기 위해서는 원두커피를 마시는 것이 좋습니다. 그러나 이미 커피믹스에 익숙해진 입맛을 바꾸기가 쉽지 않지요?

설탕은 다 같은 설탕인가요?

설탕●●은 주로 열대 지방에서 재배되는 사탕수수에서 추출한 당즙으로 만든 천연 감미료입니다. 인체 내에서 포도당과 과당으로 분해되어 흡수되는 이당류●●●이지요. 설탕은 160 ℃에서 녹아 엿처럼 되고 200 ℃에서 갈색을 띠는 캐러멜이 됩니다. 설탕은 어떻게 만들까요?

설탕은 사탕수수의 분쇄, 불순물 걸러내기, 결정화, 분리의 네 단계를 거쳐서 제조되고 있습니다. 첫 단계에서는 사탕수수 줄기를 잘게 썰어 부스러뜨린 후 10~20 %의 설탕이 포함된 당즙을 짜냅니다. 이 당즙은 산성이기 때문에 염기성인 석회를 넣어서 중화시키는 동시에 단백질, 지방 및 부유물질들을 침전시켜서 제거하지요. 그리고 남은 수액을 낮은 압력하에서 가열하여 물을 증발시키면 설탕 결정이 생기는데, 이것이 제당 과정입니다. 마지막으로 원심분리기에서 고속으로 회전시키는 분밀 과정에 의해 가벼운 당밀●●●●과 분리된 설탕결정인 원당을 얻게 됩니다.

우리나라는 이러한 원당을 수입해서, 99.9 % 이상의 백설탕(정백당)으로 정제합니다. 그리고 이것을 가열하여 황설탕(중백당)을 얻지요. 그러나, 흑설탕의 원래 의미는 원

황설탕과 삼원당(30배)

당과 당밀을 분리하지 않은 상태에서 가열하여 만든 진한 갈색의 설탕입니다. 따라서 당밀이 분리된 원당으로부터 흑설탕을 제조할 수 없습니다. 현재 흑설탕이라 불리는 대부분의 설탕은 비슷한 색깔을 내기 위하여 황설탕에 캐러멜을 착색시켜서 제조한 삼원당입니다.

따라서 황설탕과 삼원당은 설탕의 가공 과정에서 알 수 있듯이 식용색소로 착색한 것이 아니에요. 또한 캐러멜도 설탕에 열을 가하여 만든 것이기 때문에 인체에 크게 해롭지 않습니다. 단지 이들은 가공 과정에서 가열에 의해 갈변화●된 설탕들인 것입니다. 결국 대부분의 식품과 마찬가지로 설탕도 그 자체에 문제가 있는 것이 아니라 과다 섭취할 경우 문제가 되는 것입니다.

설탕 결정은 어떻게 관찰할까요?

설탕 결정은 슬라이드글라스에 포화 설탕물●●을 한 방울 떨어뜨려 쉽게 관찰할 수 있지요. 시간이 지나면서 물이 증발하면 과포화 용액이 되기 때문에 육각 기둥 형태의 설탕 결정들이 생겨나기 시작합니다.

설탕 결정(200배)

다른 설탕은 없나요?

설탕은 사탕수수 외에 사탕무나 사탕단풍나무에서도 추출할 수 있습니다.

사탕무(sugar beet)

사탕무는 식물 조직이 치밀하기 때문에 사탕수수처럼 당즙을 짜내지 않고, 따뜻한 물로 설탕을 녹여내는 온수침출법을 사용합니다. 또한 사탕무에는 당밀이 없기 때문에 분밀 과정을 거치지 않습니다. 나폴레옹이 사탕무 재배를 장려했기 때문에 전세계 사탕무 설탕 생산량의 40 % 정도가 유럽에서 생산되고 있어요.

사탕무

메이플 슈거(maple sugar)

사탕단풍나무의 수액으로 만든 메이플 슈거는 나무 줄기에 상처를 내서 받은 수액을 중화시키고 농축한 시럽을 가열하여 제조합니다. 특히 사탕단풍나무로 유명한 캐나다는 이 나무의 잎을 국기에 사용합니다.

고로쇠 수액으로 유명한 고로쇠나무는 단풍나무의 일종으로 뼈에 이롭다는 골리수(骨利水)에서 유래한 이름입니다. 그러나 사탕단풍나무 설탕 함유량은 고로쇠나무보다 세 배 정도 높지요.

사탕단풍나무 나뭇잎과 캐나다 국기

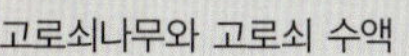

고로쇠나무와 고로쇠 수액

Quiz

이것은 무엇일까요?

(200배)

　여러분들은 설탕 결정 외에 다른 결정을 본 적이 있나요? 물론 황산구리, 백반과 같은 여러 가지 결정을 과학시간에 직접 만들었던 적이 있을 거예요. 기억이 잘 나지 않나요?

　옛날에 어떤 도둑이 원하는 것은 무엇이든 내어놓는 맷돌을 훔치고 바다로 도망치게 되었습니다. 배가 바다 한 가운데 이르렀을 때 도둑은 이를 시험하기 위하여 주문을 외치자 과연 이것이 나오기 시작했습니다. 그러나 도둑은 맷돌을 멈추는 방법을 몰랐기 때문에 그만 배는 가라앉고 말았지요. 그리고 지금도 맷돌에서 이것이 계속해서 쏟아져 나오기 때문에 바닷물이 짜다는 설화가 전해지고 있습니다. 그럴듯 하지 않나요?

　이것은 규칙적인 원자 배열을 갖는 정육면체 모양의 결정입니다. 이것은 인류가 자연적으로 가장 먼저 사용하게 된 조미료*로서, 음식을 요리할 때 반드시 필요하지요. 그래서 '너희는 세상의 이것이니, 이것이 만일 그 맛을 잃으면 무엇으로 짜게 하리요' 라는 성경 말씀도 있습니다.

　이것은 주로 바닷물을 증발시켜서 얻습니다. 또한 광석의 일종으로서 조성이 주로 염화나트륨인 암염이나, 호수, 그리고 심지어는 사막에서도 이것을 얻을 수 있지요.

　그렇다면 이것은 무엇일까요?

2. 소금의 품격
굵은 소금, 꽃소금, 맛소금

아래 사진은 슬라이드글라스 위에 포화 소금물* 용액을 한 방울 떨어뜨린 후 소금 결정이 시간에 따라 성장하는 모습을 확대한 것입니다.

소금(salt), 화학명으로는 염화나트륨(sodium chloride)이라고 하지요. 소금은 만드는 방법에 따라서 굵은 소금, 꽃소금, 맛소금 등으로 분류합니다. 그런데 김장을 담글 때는 주로 굵은 소금인 천일염을 사용하지요. 왜 그럴까요? 꽃소금이나 맛소금을 사용하면 안 되나요?

소금의 유래

지금은 너무도 흔한 소금이 옛날에는 매우 귀한 조미료였

시간에 따라 성장하고 있는 소금 결정(50배)

습니다. 특히 육류나 생선처럼 부패하기 쉬운 것들을 절여서
보관하는 염장*에는 꼭 필요한 것이었지요.

　로마 시대에는 급료를 소금으로 지급하기도 했기 때문에
급료를 뜻하는 '샐러리(salary)' 는 소금을 지급한다는 라틴
어의 '샐러리움(salarium)' 에서 유래했다고 합니다.

굵은 소금 결정(50배)

굵은 소금(천일염, 김장용 소금)이란?

　소금은 어떻게 만들까요? 가장 일반적인 방법은 염전**
에서 바닷물을 증발시켜 소금을 분리하는 것입니다. 이렇
게 햇볕에서 바닷물을 증발시켜 만든 굵은 소금을 천일염
이라고 합니다.

　이때, 바닷물에서 소금을 채취하고 남은 용액을 간수라
고 하지요. 간수에는 마그네슘과 같은 양이온들이 많기 때
문에 콩물에 함유된 콩단백질을 응고시켜 두부를 만드는
응고제로 사용하고 있습니다.

꽃처럼 생긴 꽃소금?

바닷물에는 소금뿐만 아니라 마그네슘이나 칼슘과 같은 이온들도 많이 녹아있지요. 바닷물의 염분은 바닷물 1 kg 속에 녹아있는 전체 염류의 그램(g)수로 나타내며, 단위는 천분율인 퍼밀(‰)을 사용하고 있어요. 즉, 바닷물 1 kg에는 염화나트륨 27.1 g, 염화마그네슘 3.8 g, 황산마그네슘 1.7 g, 황산칼슘 1.3 g, 기타 1.1 g이 녹아있기 때문에 바닷물의 염분 농도는 약 35 ‰입니다.

따라서 굵은 소금에는 염화나트륨 이외에도 다른 염분들이 많이 포함되어 있기 때문에 이들을 분리해 내고 크기를 작게 만든 것이 꽃소금입니다. 마치 눈꽃같지요?

그렇다면 염화나트륨 이외의 염분들을 어떻게 분리할까요? 혼합물을 분리하는 방법에는 증류, 분별 결정, 재결정, 크로마토그래피 등 다양한데, 소금의 불순물은 재결정법으로 분리하지요. 재결정법이란 온도에 따라서 용매에 녹는 물질의 양, 즉 용해도의 차이가 큰 결정을 분리할 때 사용하는 방법입니다.

예를 들어 볼까요?

용해도가 50 ℃에서 50, 20 ℃에서 20인 물질 A와 B가 각각 50 g과 5 g이 섞여있는 혼합물을 가정할까요? 이들을 끓는 물 100 g에 넣어서 녹인 다음 온도를 20 ℃로 낮추면 어떻게 될까요? 용해도 이상으로 녹아있는 A는 30 g이 고체 결정이 되지만, B는 용액에 그대로 녹아있습니다. 따라서 이것을 거르면 순수한 A 물질 30 g을 분리할 수 있는 것입니다.

그런데 소금의 용해도는 온도에 관계없이 약 36 g 정도로 거의 일정합니다. 따라서 굵은 소금을 완전히 녹인 후 온도를 낮추어도 결정은 잘 생기지 않습니다. 그런데 왜 재

● 용해도
물 100 g에 녹는 물질의 양

꽃소금 결정(50배)

결정법으로 분리했다고 하는 것일까요?

그것은 물의 증발에 따른 용해도 차이를 이용하기 때문입니다. 즉, 가열에 의해서 물이 증발하면 물에 녹을 수 있는 소금의 양도 감소하기 때문에 소금 결정이 석출되는 것입니다. 그렇지만 다른 불순물들은 양이 많지 않기 때문에 계속 녹아있는 것이지요.

꽃소금은 굵은 소금보다 소금의 양이 많기 때문에 더 짠맛이 나지요. 따라서 꽃소금으로 김장을 담글 경우에는 굵은 소금보다 적은 양을 사용해야 합니다. 그러나 꽃소금에는 굵은 소금에 함유되어 있던 무기질*들이 없기 때문에 굵은 소금으로 담근 김치와는 맛의 차이가 있습니다.

맛있는 맛소금?

맛소금은 정제된 소금에 글루탐산나트륨(monosodium glutamate, MSG**)를 10 % 정도 첨가한 소금입니다. 맛소금의 표면에 있는 작은 알갱이들이 보이지요?

맛소금 결정(50배)

바늘과 실 vs. 소금과 미원?

오성과 한음, 로미오와 줄리엣, 견우와 직녀, 바늘과 실처럼 소금과 미원은 주방에서 없어서는 안 될 조미료 세트입니다. 다시마에서 MSG를 처음 분리한 일본의 이케다는 MSG의 맛을 '감칠맛*'이라고 불렀지요. 실제로 감칠맛은 단맛, 신맛, 짠맛, 쓴맛과는 다른 고유한 맛임이 확인되었습니다.

MSG가 주성분인 미원**은 육각 기둥 모양의 결정입니다. MSG는 사탕수수에서 원당을 분리하고 남은 당밀을 코리네박테리움이라는 박테리아에 의해 글루탐산으로 발효시킨 후, 염기성인 수산화나트륨으로 중화시켜서 만듭니다. 따라서 화학 조미료가 아니라 발효 조미료가 더 정확한 표현입니다.

발효에 의해서 합성한 MSG나 다시마 등에서 추출한 MSG는 화학적으로 동일한 물질이기 때문에 발효 조미료가 천연 조미료보다 인체에 더 해롭지는 않습니다. 다만 MSG

● **감칠맛**
일본어로 우아미

●● **미원**
주식회사 대상에서 생산하는 MSG의 상품명

미원 결정(50배)

에 민감한 사람이나, 많이 섭취할 경우에 중국 음식점 증후군[*](Chinese restaurant syndrome)이 생길 수 있기 때문에 섭취량을 조절해야 한다고 합니다.

최근에는 표고버섯 등에서 추출한 핵산 등을 MSG에 첨가한 복합 조미료와, MSG에 산분해 간장[**] 등의 맛과 쇠고기, 파, 마늘, 양파 등의 재료를 혼합한 종합 조미료인 다시다 등을 많이 사용하고 있습니다.

소금 결정의 형성 과정은?

일반적으로 소금 결정은 반듯한 정육면체 모양입니다. 그런데 결정을 자세히 살펴보면 안쪽으로 피라미드처럼 파여 있거나 납작한 결정이 많습니다. 왜 그럴까요?

소금물의 증발은 표면에서 일어나지요. 따라서 표면의 소금 농도는 안쪽보다 더 진하기 때문에 결정은 주로 표면에서부터 생기기 시작합니다. 이때 먼저 생긴 결정의 가장자리에 결정이 계속 자라면서 가운데가 비어있는 피라미드

● 중국 음식점 증후군
중국 음식을 먹고 난 후에 나타나는 마비, 현기증 등과 같은 증세. 그러나 이것이 MSG에 의한 것이라는 확실한 과학적인 증거는 없다.

●● 산분해 간장
콩이나 밀을 염산으로 분해한 후 수산화나트륨으로 중화시켜서 만든 간장

소금 결정(50배)

가 뒤집힌 것과 같은 모양으로 성장합니다. 또한 바닥에서는 아래쪽으로 잘 자라지 않기 때문에 직육면체 모양으로 성장합니다. 그러나 내부에서는 결정이 모든 방향으로 자라기 때문에 정육면체로 성장하는 것입니다.

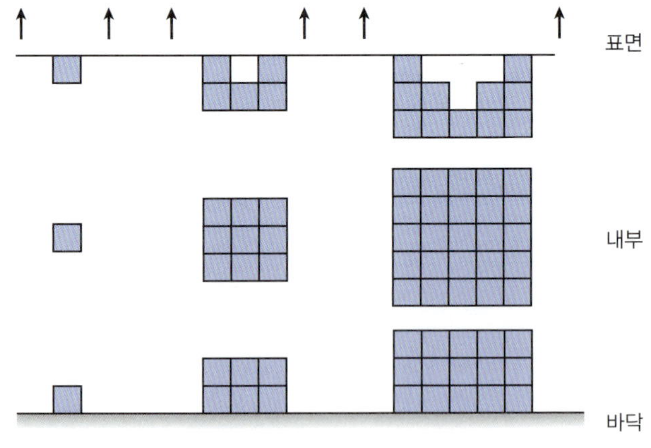

소금물에서 소금 결정이 형성되는 과정

결정이란 무엇인가요?

결정(crystal)이란 물질을 구성하는 입자들이 규칙적으로 반복되는 배열을 갖는 고체입니다. 예를 들어 MSG 결정은 MSG 분자들이 규칙적으로 쌓이면서 날카로운 모서리를 갖는 다면체를 형성하지요. 결정들마다 모양이 다른 것은 입자들의 전하와 크기에 따라 쌓이는 방법이 다르기 때문입니다.

> ● 입자
> 원자, 이온, 분자가 있으며 원자는 주로 금속 결정, 이온은 이온 결정, 분자는 분자 결정을 형성한다.

미원을 물에 녹인 후 성장시킨 MSG결정(500배)

반면에 구성 입자들이 불규칙하게 배열된 고체를 비결정질이라고 합니다. 예를 들어 유리는 나트륨과 실리콘 그리고 산소 이온이 불규칙한 순서로 배열되기 때문에 일정한 모양을 갖지 않습니다.

Quiz

이것은 무엇일까요?

(50배)

BANK OF KOREA. 우리나라 화폐의 발행과 통화 정책 등을 수립하고 집행하는 한국은행의 영문 표기입니다. 눈을 크게 뜨고 만원권 지폐에서 찾아보세요. 한국은행이 어디에 숨어 있는 지를….

세계 여러 나라에서는 위조지폐를 방지하기 위하여 다양한 방법들을 사용하고 있습니다. 우리나라에서도 2007년에 천원, 오천원, 만원권 그리고 2009년에는 오만원권 지폐를 발행하였는데, 이전보다 더 다양한 위조지폐 방지 기능들이 추가되었습니다.

만원 지폐에 있는 위조 방지 기능 (출처 : 한국은행 홈페이지)

- 홀로그램 | 바라보는 방향과 각도에 따라서 무늬와 색상이 다른 그림이 보이도록 만든 얇은 필름
- 요판잠상 | 비스듬히 보면 숨겨진 글자가 나타나는 특수한 볼록 인쇄
- 숨은은선 | 빛을 비추면 문자가 보이도록 내부에 세로로 삽입한 얇은 플라스틱 필름

이 외에도 앞뒤판맞춤, 숨은그림, 숨은막대, 돌출은화, 볼록인쇄, 형광색사, 엔드리스무늬, 무지개색상, 색변환잉크 등이 있습니다. 이 중에서 현미경으로 확인할 수 있는 미세문자들은 어떤 것이 있을까요?

3. 돈이 보인다
미세문자와 위조지폐

    사람들은 누구나 부자가 되기를 원합니다. 그래서 위조지폐를 만든 범인들이 검거되었다는 뉴스를 자주 접하게 되지요. 그러나 증거를 남기지 않는 완전 범죄가 없듯이, 지폐에는 위조지폐를 쉽게 구분할 수 있는 많은 증거들이 새겨져 있습니다.

    그 중 하나가 바로 미세문자(micro lettering)를 지폐에 인쇄하는 것입니다. 미세문자란 마이크로 프린팅 기술로 인쇄된 작은 글자로서, 눈으로는 쉽게 확인할 수 없지요. 이

만원 지폐에 인쇄된 미세문자(50배)

러한 미세문자를 복사하더라도 선이나 점으로 인쇄되기 때
문에 지폐를 확대해 보면 위조지폐인지 아닌지를 쉽게 확
인할 수 있습니다. 어떤가요? 역시 땀을 흘려서 얻은 정당
한 댓가가 보람이 있는 것이지요. 이제 함께 미세문자를 찾
아 볼까요?

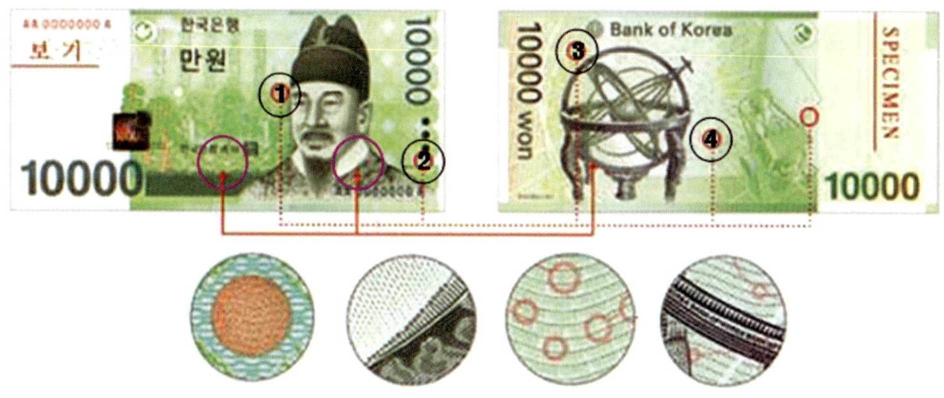

미세문자는 어디에?

위에 표시된 ①, ②, ③, ④번 위치를 50배로 확대하면
10000이라는 선명한 미세문자들을 확인할 수 있습니다.

미세문자(50배)

미세문자(50배)

여러분들도 눈을 크게 뜨고 표시된 곳을 자세히 보세요. 미세문자들이 보이기 시작할 것입니다. 찾았나요? 그렇다면 이 지폐를 컬러 복사하면 어떻게 될까요? ①번 위치를 컬러 복사한 것을 확대하면 미세문자들이 단순한 점들로 찍혀 있는 것을 볼 수 있습니다.

이외에도 만원권 지폐에는 한글의 자음과 모음, 그리고 10000WON 등 많은 미세문자들이 인쇄되어 있습니다. 미세문자의 크기는 약 35 μm 이상인데, 이보다 더 작을 경우

미세문자(50배)

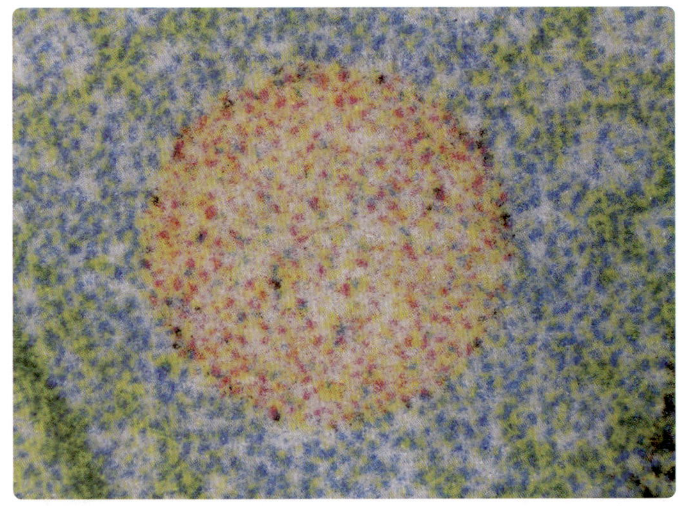
미세문자를 컬러 복사한 사진(50배)

잉크가 뭉치는 현상이 일어나기 때문에 현재의 기술로는 인쇄 가능한 가장 작은 문자입니다. 일부 미세문자들은 컴퓨터가 아니라 직접 손으로 제작하기 때문에 위조 및 변조가 더 어렵습니다.

2007년 이전에 사용하던 만원 지폐에는 장영실이 발명한 물시계인 자격루 하단에 '한국은행' 이라는 미세문자가 인쇄되어 있습니다. 장영실은 간의, 혼천의, 해시계인 앙부일구, 측우기, 태양의 고도와 출몰을 측정하는 규표, 구리로 만든 활자인 갑인자 등을 발명하였으며 노비의 신분으로 종3품의 벼슬까지 올랐던 조선 시대 전기의 대표적인 과학기술자입니다.

간의는 오늘날의 각도기와 비슷한 구조를 가졌으며 복잡한 혼천의를 간소화한 것입니다. 예전에는 천문대를 간의대라고 할 정도로 중요한 천문관측 기구였지요. 1529년(중종 24년)에는 명나라 사신들이 간의대를 보지 못하도록 가렸다는 기록이 있습니다.

한국천문연구원에 전시되어 있는 간의

오천원에 인쇄된 미세문자(50배)　　　천원에 인쇄된 미세문자(50배)

오천원과 천원, 그리고 1달러에는?

　오천원과 천원에도 역시 많은 미세문자들이 있습니다. 특이한 것은 만원이나 오천원보다 천원 지폐에 미세문자가 훨씬 더 많다는 것이지요. 돈은 금액에 관계없이 모두 귀하게 사용해야 한다는 의미일까요?

10달러에 인쇄된 미세문자(30배)   5달러에 인쇄된 미세문자(30배)

　　그렇다면 우리나라의 천원에 해당하는 미국의 1달러에
는 미세문자가 과연 있을까요? 궁금하지요?

　　10달러에는 해밀턴의 이름 위에 미세문자가 있지만, 5달
러에는 단지 이름만 인쇄되어 있어요. 그리고 1달러에도
역시 미세문자가 없습니다. 우리나라와는 다르지요?

　　우리나라의 천원에는 퇴계 이황, 오천원에는 율곡 이이,
만원에는 세종대왕 그리고 오만원에는 신사임당의 초상화
가 있습니다. 그렇다면 미국의 지폐에는 어떤 인물의 초상
화가 있을까요? 1달러에는 조지 워싱턴 미국 초대 대통령,
5달러에는 16대 에이브러햄 링컨 대통령, 10달러에는 알
렉산더 해밀턴* 미국 초대 재무장관, 50달러에는 18대 율
리시스 그랜트** 대통령, 100달러에는 벤자민 프랭클린의

초상화가 있지요. 우리나라와는 달리 미국에는 정치가의
초상화가 많습니다.

여러 나라의 다양한 미세문자들…

다른 나라들의 화폐를 살펴볼까요? 먼저 중국과 대만의
100원 지폐입니다.

중국의 100원(한화로 약 1,000원) 지폐에는 100RMB와
인민폐라는 한자가, 그리고 대만의 100원(한화로 약 3,000

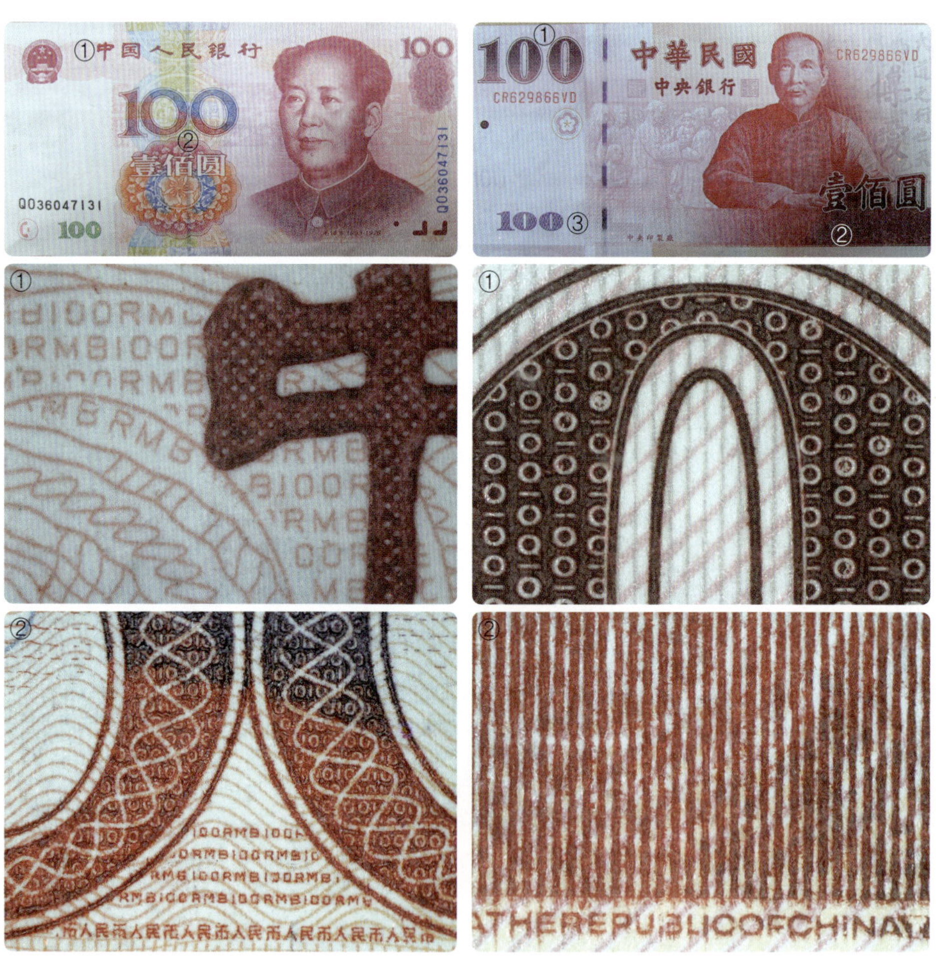

중국 화폐의 미세문자(30배)   대만 화폐의 미세문자(30배)

원) 지폐에는 100과 THE REPUBLIC OF CHINA라는 미세 문자가 인쇄되어 있지요. 화폐에는 각각 마오쩌둥(毛澤東) 주석과 대만과 중국에서 동시에 국부로 추앙받으며 중국 혁명의 아버지라 불리는 쑨원(孫文) 선생의 초상화가 있습니다.

대만 화폐의 인쇄 방식은 중국과 유사하지만, 100원의 숫자③에는 작게 오린 색종이를 뿌린 것 같은 위조 방지 기능이 있습니다.

중국의 공식 국호는 중화인민공화국(The People's Republic of China), 대만은 중화민국(The Republic of China)입니다.

다음은 태국의 500바트(한화로 약 17,000원) 지폐에 있는 미세문자입니다. 태국의 모든 화폐에는 1946년 이후 현재까지 왕위에 있는 '푸미폰 아둔야데트' 국왕의 초상화가 있습니다.

특이한 것은 ①번 위치의 홀로그램에도 미세문자가 인쇄되어 있습니다. 다른 미세문자들은 자세히 보면 눈으로도 보이지만, 홀로그램에 새겨진 미세문자는 눈으로는 확인하기가 쉽지 않습니다.

최근 개인 정보보호에 관한 관심이 높아지고 있습니다. 날이 갈수록 범죄가 고도로 지능화되고 있기 때문이지요.

태국 화폐의 미세문자(30배)

태국 화폐의 ①번 위치에 있는 홀로그램과 미세문자(200배)

왼쪽은 예전에 사용했던 구 여권이며, 오른쪽은 새로이
발급되고 있는 신 여권입니다. 예전과는 달리 신 여권에는
미세문자가 인쇄되어 있음을 알 수 있습니다.

구 여권과 신 여권(30배)

우리의 위대한 과학 문화 유산은?

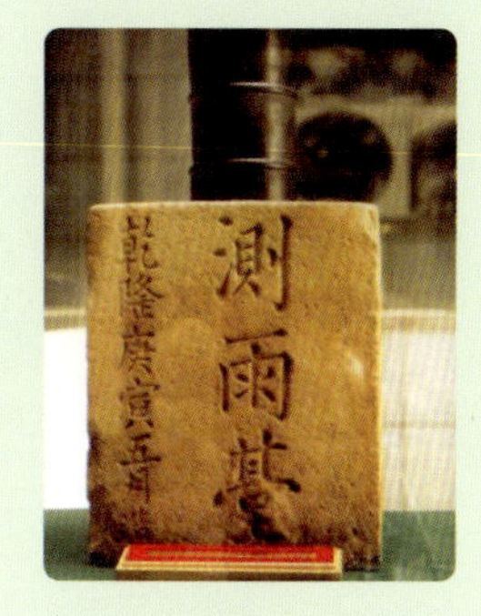

빗물의 양을 측량하는 측우기는 빗물을 받는 통과 빗물의 높이를 측정하는 자가 통 안에 수직으로 꽂혀있는 매우 단순한 기구입니다. 그 이전에는 젖은 땅의 깊이로 내린 비의 양을 측정했었지요. 그렇다면 측우기에 다른 특별한 점은 없나요?

1441년(세종 23년)에 발명된 원통형 측우기의 깊이는 약 31 cm이며 지름은 14 cm입니다. 왜 지름이 14 cm일까요? 측우기 제작에서 중요한 점은 비의 양에 의한 오차가 작아야 한다는 것입니다. 왜냐하면, 지름이 너무 작으면 바람 등에 영향을 받고, 너무 크면 비의 양이 적을 때 오차가 크기 때문이지요. 이러한 경우를 고려할 때 오차가 가장 작은 지름이 바로 14 cm인 것입니다.

그런데 이처럼 단순한 장치인 측우기가 어떻게 위대한 과학 문화 유산이 될 수 있었을까요?

그것은 전국의 강우량을 날짜별로 정확한 통계를 내었을 뿐만 아니라, 수집한 자료로 강수 상황을 예측하면서 농사 짓기 등에 활용했다는 사실입니다. 빗물을 모으는 기구는 다른 나라에도 있었지만, 실제로 응용하지는 못했던 것이지요. 그러나 세종대왕과 장영실은 강우량 자료들을 과학적으로 활용할 수 있는 독창성이 있었던 것입니다.

측우기는 1639년에 이탈리아의 가스텔리가 발명한 것보다 200년이 앞선 것이었고, 이 사실은 1912년에 〈네이처

Nature〉에 보도되었습니다. 현재 우리나라에는 1770년 이후의 강우량 기록이 남아있지요. 이처럼 자연적인 기상 현상을 수량적으로 측정하고 통계를 이용하는 과학적인 방법이 시작되었다는 것은 기상학의 새로운 장을 여는 역사적인 사건이었던 것입니다.

만원의 뒷면에 있는 세 가지는?

2007년에 발행된 만원권의 뒷면에는 과학기술의 중요성을 강조하기 위하여 혼천의와 천상열차분야지도, 그리고 보현산 천문대의 천체 망원경이 인쇄되어 있습니다.

혼천의는 조선조 천문학자인 송이영이 제작한 혼천시계의 일부로 국보 제230호입니다. 혼천시계는 가운데에 지구의가 설치된 혼천의에 의해 천체의 움직임과, 여러 가지 톱니바퀴에 의해 움직이는 시계 장치에 의해 시간을 동시에 알 수 있도록 설계된 것입니다. 그러나 혼천의는 기원전 2세기경에 중국에서 고안되었기 때문에 만원권 도안에 대한 많은 논란이 있었습니다.

천상열차분야지도는 조선 건국 초인 1395년(태조 4년)에 만든 천문도로서 국보 제228호입니다. 역대 왕조처럼 태조가 임금의 권위를 나타내기 위해서 제작한 새로운 천문도입니다. 1985년에 혼천시계, 자격루와 함께 과학 문화재로서는 처음으로 국보로 지정되었지요.

경북 영천시의 보현산 정상에 위치한 보현산 천문대에는 렌즈의 구경이 1.8 m인 국내 최대의 천체 망원경이 있습니다. 특히 이 망원경에는 우리나라에서 개발한 고분산 에셀 분광기가 장착되어 있습니다. 이 분광기는 천체 망원경이 모은 별빛을 광섬유로 파장별로 분산시켜 별의 미세한 움직임도 관찰할 수 있는 뛰어난 성능을 갖고 있지요.

한국천문연구원에 전시된 혼천의, 천상열차분야지도, 보현산 천문대 망원경 모형

　이 망원경으로 처음 발견한 소행성을 '보현산별'이라 명명했으며 계속해서 '최무선*별', '이천**별' '장영실별', '이순지별', '허준별', '홍대용별', '김정호별' 등 과학의 선각자들을 새로 발견한 소행성의 이름으로 명명하고 있습니다.

　그렇다면 과연 '세종별'은 있을까요?

　도쿄 천문대 교수였던 후루가와 기이치로는 세종대왕이 천문학에 정통했던 훌륭한 과학자라는 사실을 세상에 널리 알리기 위해 동료인 와타나베 가즈오에게 부탁하여 그가 발견한 소행성에 세종별이라는 이름을 붙였답니다.

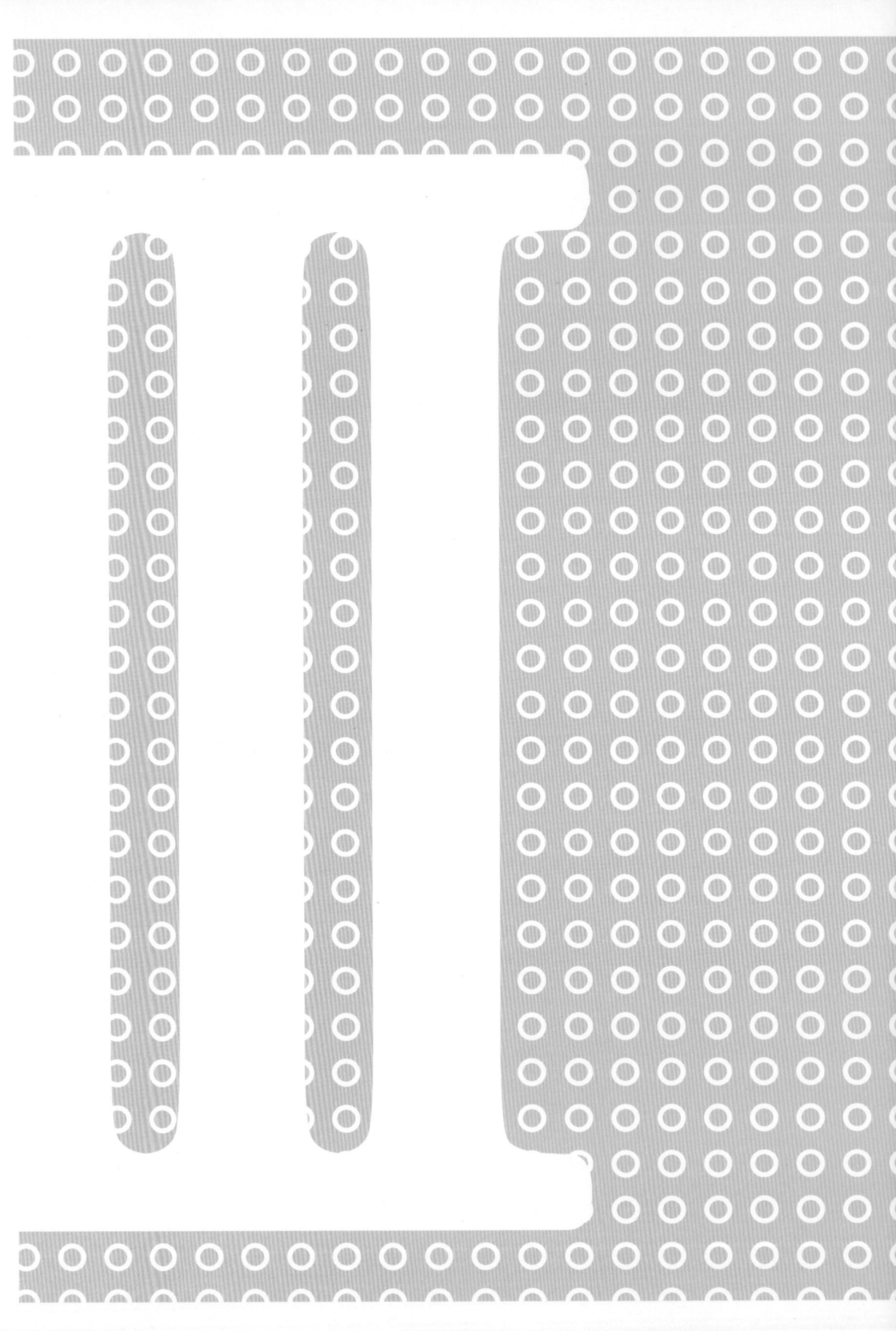

빛과 색

4. 디스플레이 장치
5. 점박이 마을
6. 무지개 뜨는 마을

이것은 무엇일까요?

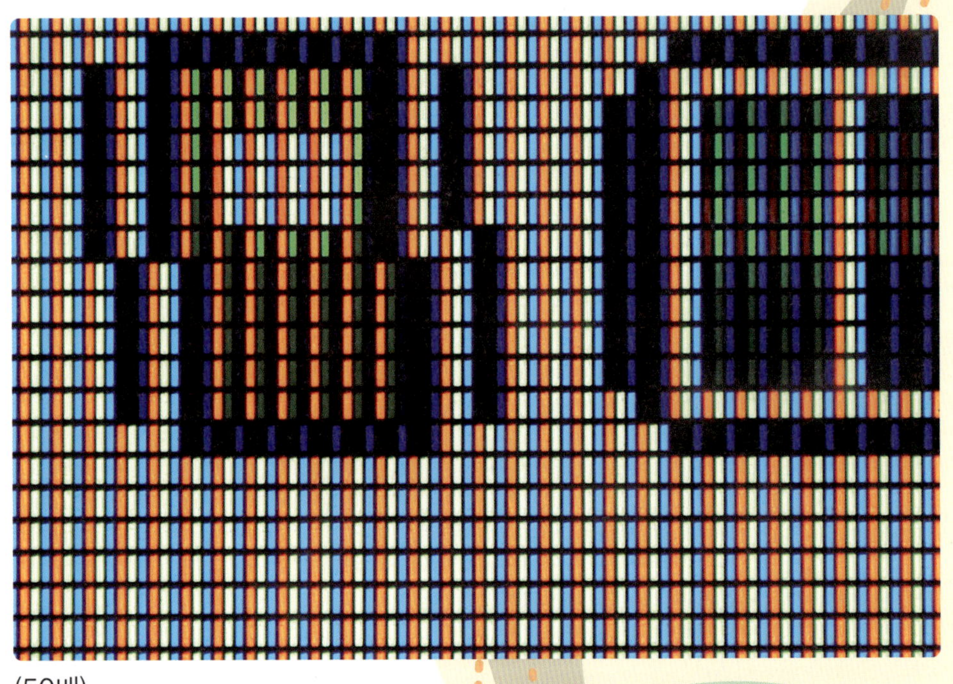

(50배)

  ‘열 손가락 깨물어 안 아픈 손가락 없다.’ 라는 속담이 있지요? 열 손가락은 모두 중요하지만, 그 중에서도 최고를 의미하는 ‘넘버 원’ (👍)이나, 죄수를 처형하라는 뜻인 ‘thumb down’ (👎) 등을 표시할 때는 엄지손가락을 사용하지요. 그렇지 않나요?

  사람과 침팬지의 가장 큰 차이점 중 하나는 바로 엄지손가락의 모양입니다. 침팬지는 엄지손가락이 짧고, 다른 손가락과 나란하기 때문에 물건을 잘 잡을 수 없습니다. 그러나 사람의 엄지손가락은 물건을 잡기 쉽게 되어 있어요. 결국 이러한 차이로 인해 사람은 도구를 자유자재로 사용할 수 있는 것입니다.

  우리나라는 전 세계의 기능인들이 모여 공업, IT*, 자동차 기술 등을 겨루는 국제기능 올림픽 대회에 1967년 처음 참가한 이후 25회 출전하여 16회나 종합우승을 차지하였습니다. 와우! 대단하지요? 비록 베이징 올림픽에서는 종합 7위를 했지만, 손을 사용하는 기능 올림픽에서는 매회 탁월한 성적을 거두고 있습니다. 이처럼 우리나라 사람들의 손 기술이 뛰어난 이유로 젓가락 문화**의 발달을 드는 사람들이 많습니다. 젓가락 문화도 역시 엄지손가락을 사용할 수 없었다면 불가능하겠지요.

  그런데 ‘엄지족’을 아시나요? 엄지족이란 청소년들이 휴대폰으로 문자 메시지를 보내거나, 게임을 할 때 엄지손가락을 주로 사용하기 때문에 붙여진 이름입니다. 그렇다면 빨간색, 초록색, 파란색으로 이루어진 이것은 무엇일까요?

4. 디스플레이 장치
빛의 삼원색, RGB

불과 10여 년 전만 해도 흔하지 않았던 휴대폰! 그러나 지금은 어른부터 초등학생에 이르기까지 인구대비 80 % 이상의 많은 사람들이 갖고 있지요.

이러한 휴대폰은 집에 두고 길을 나서면 일이 손에 잡히지 않을 정도로 우리와 늘 함께하는 필수품이 되었습니다. 그러나 수업시간에 혹은 공공장소에서는 타인에게 방해가 되지 않도록 주의해야 하겠지요?

이것은 휴대폰 화면을 확대한 것이에요. 와! 이 화면에는

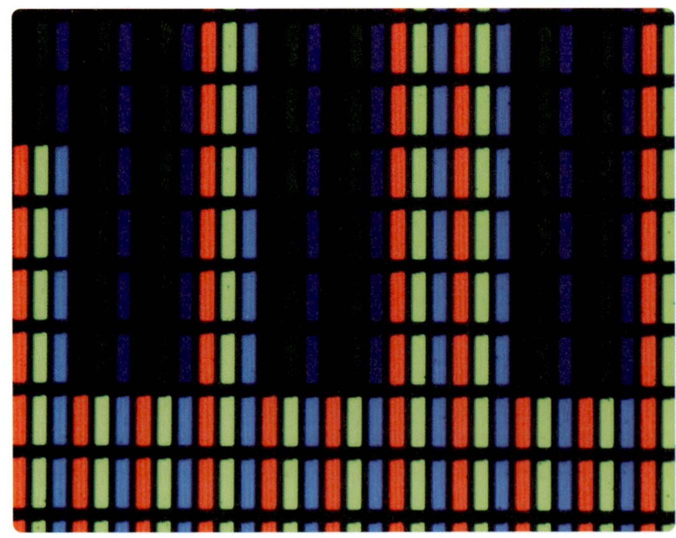

휴대폰의 화면(200배)

눈으로 보는 것과는 달리 수많은 빨간색, 초록색, 파란색의 사각형들로 가득 차 있습니다. 정말 신기하지요? 휴대폰 화면을 눈으로 자세히 보면 깨알처럼 작은 점들이 있는데, 이것들이 바로 이러한 사각형들입니다. 그렇다면 왜 휴대폰의 화면은 빨간색, 초록색, 파란색의 세 가지 색으로 구성되어 있을까요?

작고 신비로운 세계로 들어가 볼까요?

디지털 카메라의 화면도 역시 휴대폰과 마찬가지로 세 가지 색의 사각형들로 구성되어 있습니다. 휴대폰이나 디지털 카메라처럼 화면을 표시하는 장치에는 또 어떤 것들이 있을까요? 여러분들이 사용하는 컴퓨터 모니터도 역시 같은 모양으로 되어 있어요.

TV 화면은 다른 것들과 색깔의 구성은 같지만, 사각형 대신에 기다란 선으로 된 것도 있습니다. 그렇다면 이 TV 화면은 원리가 다른 것인가요?

디지털 카메라의 화면(500배)

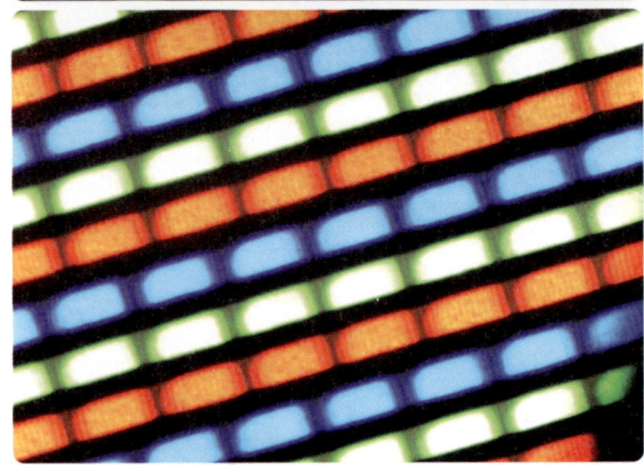

TV를 껐을 때와 켰을 때(30배)

그렇지 않아요. 이 화면도 스위치를 켜면 역시 다른 것들처럼 기다란 선 안에 작은 사각형들로 구성되어 있는 것을 알 수 있습니다.

디스플레이 장치?

이처럼 사진이나 동영상과 같은 시각적인 정보를 전달하고 표시하는 장치를 '디스플레이(display) 장치' 혹은 '화면표시 장치'라고 합니다. 디스플레이 장치는 반도체, 이차 전지와 함께 정보통신 기기의 작동에 매우 중요한 역할을 담당하고 있지요. 사람에 비유하면, 반도체는 뇌, 이차 전지는 심장, 그리고 디스플레이 장치는 눈과 같은 중요한 역할을 하고 있습니다.

디스플레이 장치는 정보통신 산업에서 핵심 중의 핵심 부품이며 우리나라의 주요한 수출 품목 중의 하나입니다. 2006년에 디스플레이 제품은 262억 달러를 수출하여 전체 수출액의 8.1 %를 차지하였지요. 또한 세계 디스플레이 시장에서 우위를 차지하기 위해서 미국, 일본, 대만 등과 치열한 기술 개발 경쟁을 벌이고 있습니다.

● **전체 수출액**
품목별 수출 순위는 반도체(1위), 자동차(2위), 무선통신기기(3위), 선박해양 구조물(4위), 석유제품(5위), 평판디스플레이(6위)이다.

왜 세 가지 색만 있나요?

여러분들은 미술 시간에 여러 가지 물감을 섞어서 원하는 색을 만들었던 적이 있지요? 예를 들어 빨간색은 노란색과 자주색을 섞어서 만듭니다. 이처럼 색의 삼원색을 이용하

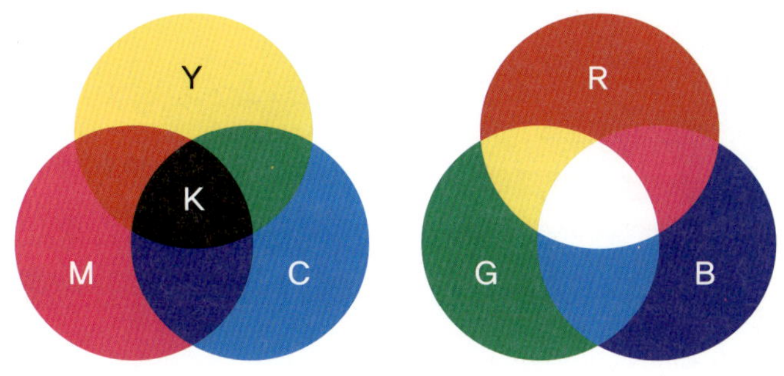

색의 삼원색과 빛의 삼원색

면 모든 색을 표현할 수 있습니다. 색의 삼원색은 일반적으로 파란색, 빨간색, 노란색으로 알려져 있지만 실제로는 청록색(cyan), 자주색(magenta), 노란색 (yellow)입니다.

물감과 마찬가지로 디스플레이 장치도 다양한 빛깔을 표현할 수 있어야 하지요. 어떻게 이것이 가능할까요? 그것은 바로 빛의 삼원색인 빨간색(Red), 초록색(Green), 파란색(Blue)을 이용하는 것입니다. 이처럼 RGB˙의 빛을 내는 세 개의 사각형을 하나의 '화소'라고 하지요. 따라서 화소 내에 있는 RGB 빛의 세기를 조절하여 다양한 빛깔을 만들 수 있는 것입니다.

예를 들어 빨간색, 초록색, 파란색의 셀로판지를 붙인 세 개의 손전등을 한 곳에 비추면 모든 빛이 합쳐져서 흰색으로 나타나지요. 이에 비해 빨간색과 초록색의 빛을 비추면 노란색의 빛깔˙이 됩니다.

스페이서(spacer)?

그런데 디스플레이 장치를 자세히 보면 깨알 같은 작은 점들이 흩어져 있는 것을 볼 수 있습니다. 전압을 조절하는 점이라고 하기에는 불규칙하게 배열되어 있는 이것들은 무엇일까요? 그것은 바로 스페이서입니다.

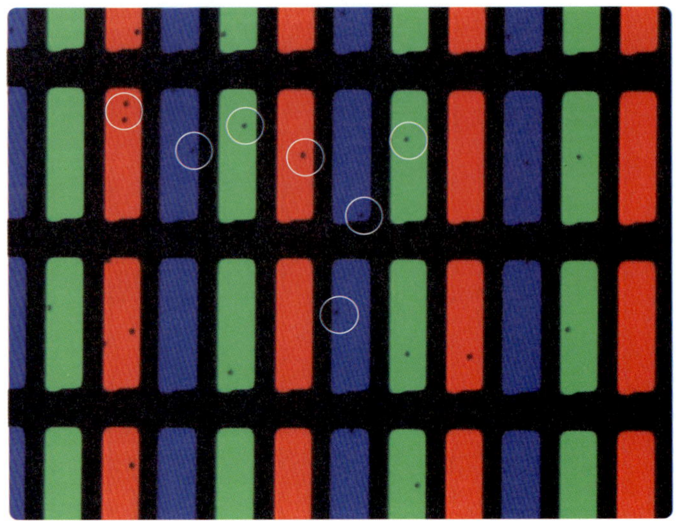

휴대폰의 LCD에 있는 작은 점들(500배)

스페이서란 디스플레이 장치와 같이 위와 아래에 놓인 두 장의 편광유리가 일정한 간격을 유지하도록 기둥의 역할을 하는 것을 말합니다. 만약에 스페이서가 없다면 두 장의 편광유리가 서로 맞닿을 수 있기 때문에 디스플레이 장

디지털 카메라로 컴퓨터 모니터를 클로즈 업 시킨 사진

치가 제대로 작동하지 않게 되지요. 또한 스페이서들이 뭉쳐 있으면 화질이 고르지 않기 때문에 골고루 퍼져 있어야 합니다.

현미경뿐만 아니라 디지털 카메라의 접사 기능을 이용하면 디스플레이 장치의 RGB를 확인할 수 있지요. 접사란 물체를 1 m 이내에서 촬영하는 기술로서 클로즈 업이라고 합니다. 전용 접사 렌즈나, 카메라에 내장된 매크로 기능으로 클로즈 업 시킬 수 있습니다.

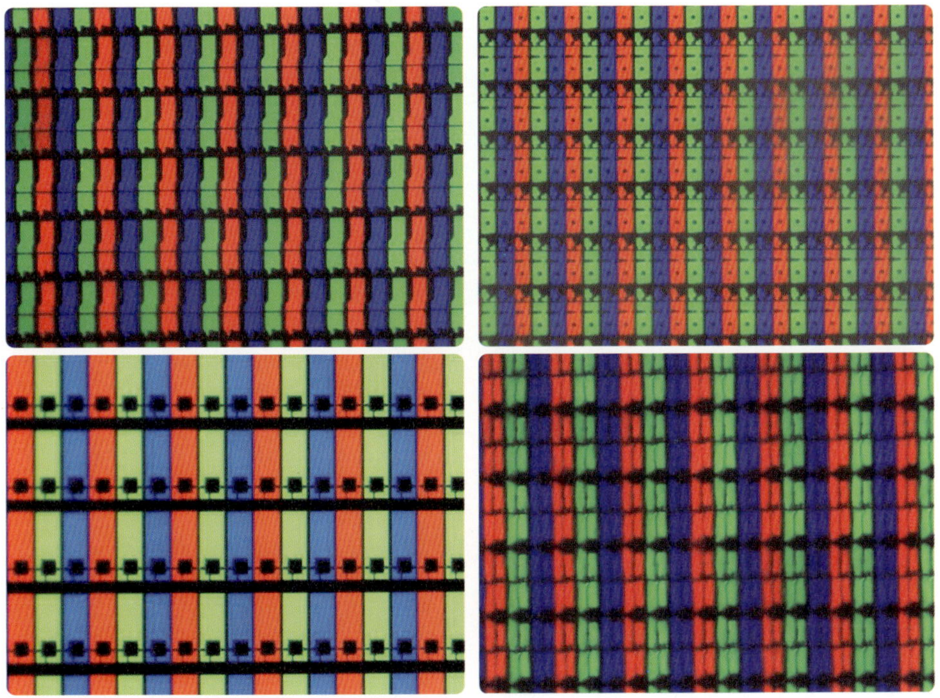

다양한 휴대폰의 화면(200배)

디스플레이 장치의 원리는?

디스플레이 장치는 빛을 내는 광원에 따라서 브라운관, 액정 디스플레이(liquid crystal display, LCD), 플라즈마 표시장치(plasma display panel, PDP), 발광 다이오드(light emitting diode, LED) 등으로 구분할 수 있습니다. 이들 중 정보통신 기기에는 주로 LCD를 사용하지요.

LCD는 램프에서 나온 빛을 화면에 비추어 주는 백라이트(back light)와 LCD 패널로 구성됩니다. LCD 패널은 두 장의 얇은 편광유리 사이에 액정 고분자*를 주입하여 만든 것입니다. 그렇다면 LCD 패널은 백라이트에서 나온 빛의 세기를 어떻게 조절할까요?

● **액정 고분자**
고체와 액체의 중간 성질을 갖는 물질

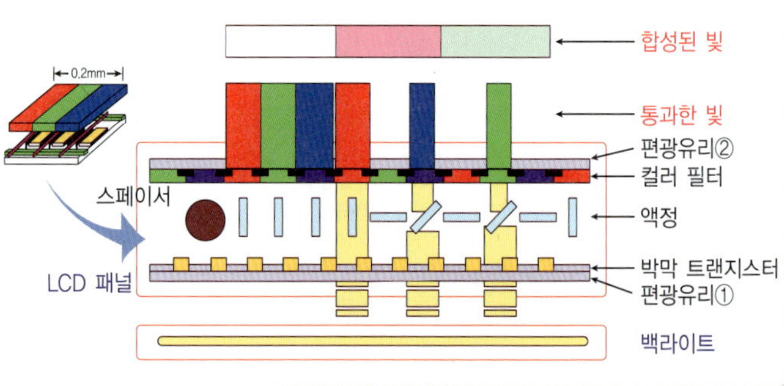

액정 디스플레이 장치의 원리 (http://www.inatech.co.kr/)

●● **트랜지스터**
전류나 전압 흐름을 조절하고, 전자 신호를 위한 스위치의 역할을 한다.

백라이트에서 나온 빛이 편광유리①을 통과하면 한쪽 방향으로만 진행하는 편광된 빛이 되지요. 이 빛의 진행 방향은 박막 트랜지스터**(thin film transistor, TFT)에 의해 조절되는 액정 고분자의 배열에 의해 달라집니다.

따라서 편광유리②를 통과하는 빛의 양이 달라지기 때문에 이들의 조합에 의해 다양한 빛깔을 합성할 수 있는 것입니다.

두 장의 편광판을 이용한 실험

이것은 두 장의 편광판을 이용할 실험으로 쉽게 확인할 수 있지요. 밑그림을 놓고 편광판을 서로 수직, 45도, 그리고 평행하게 겹치면 수직인 경우 빛이 차단되어 밑그림이

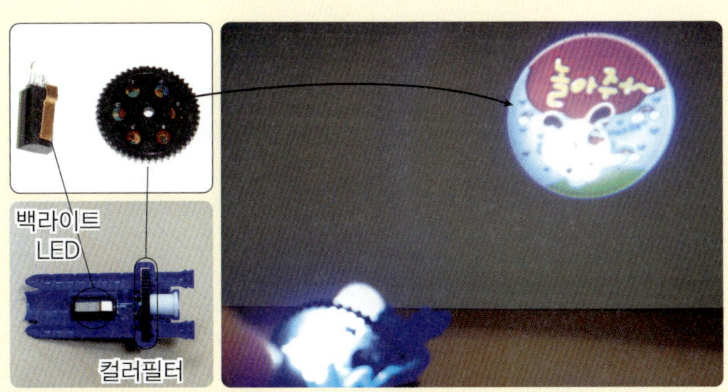

완구와의 비교

보이지 않지만 평행하게 겹치면 밑그림이 보입니다. 즉, LCD는 편광판을 돌리는 대신에 액정 고분자의 배열에 의해서 통과하는 빛의 양을 조절하는 것이지요.

간단한 장난감도 스위치를 누르면 빛이 컬러필터를 통과하면서 그림이 나타나지요. 그러나 장난감에는 빛의 양을 조절하는 LCD 패널이 없기 때문에 컬러필터의 단순한 그림만 나타나는 것입니다.

다른 디스플레이 장치는?

최근에는 브라운관 TV 대신에 앞서 설명한 LCD TV 혹은 PDP TV가 많이 판매되고 있습니다. PDP TV는 액정 고분자 대신에 형광물질*이 칠해진 밀폐된 공간에 비활성 기체인 네온과 아르곤 등이 채워져 있어요.

PDP TV

여기에 전압을 가하면, 비활성 기체는 높은 에너지를 갖는 플라즈마(plasma)** 상태로 들떴다가 에너지가 낮은 바닥 상태로 안정화되면서 에너지를 방출하지요. 이 에너지는 형광물질에 전달되고, 이 형광물질이 가시광선을 방출하면서 RGB의 화면을 나타내는 것입니다.

　최근에는 LED를 이용한 디스플레이 장치도 개발되고 있습니다. LED는 전압을 가하면 빛을 발하는 반도체 소자로서 주로 갈륨비소(GaAs) 화합물을 사용합니다. 여기에 첨가되는 인이나 알루미늄과 같은 불순물의 양에 따라 다양한 색상을 나타내지요.

　즉, LED는 높은 에너지 상태의 전자가 낮은 에너지 상태로 떨어질 때의 에너지 차이에 해당하는 빛을 방출합니다. 이때 에너지 차이가 크면 파장이 짧은 파란색, 작으면 파장이 긴 빨간색 빛이 나옵니다. LED는 반도체이기 때문에 처리 속도가 빠르고, 전력 소모가 적어서 신호등이나 전광판, 가로등과 같은 조명기구에 많이 사용되고 있습니다.

LED로 제작한 간판

　LED는 일본 니치아 화학의 나까무라가 파란색을 내는 LED를 개발함으로써 디스플레이 장치에 사용할 수 있게 되었습니다. 현재 LED는 휴대폰용 LCD의 백라이트와 키패드의 광원으로서 사용량이 크게 증가하고 있습니다.

Quiz

이것은 무엇일까요?

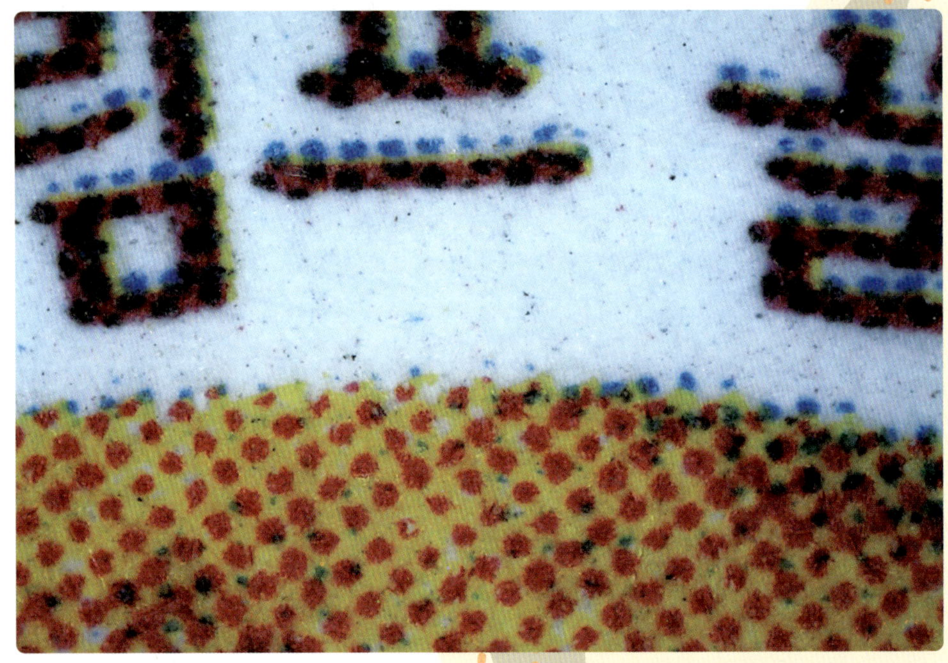

(50배)

림프 골? 이것은 여러분들이 가장 좋아하는 음식 중 하나를 광고하는 인쇄물입니다. 어떤 것일까요? 예전에는 미역국이나 자장면이 최고의 생일 음식이었으나, 지금은 케이크, 프라이드 치킨 그리고 이것이 꼭 등장하지요. 그렇지 않나요?

현재 존재하는 가장 오래된 인쇄물은 한지 위에 목판 인쇄된 우리나라의 《무구정광대다라니경》(751년, 국보 제126호)입니다. 이것은 세계 최고의 목판 인쇄물이자 세계에서 가장 오래된 종이로서 우리 조상들은 삼국 시대부터 이미 닥나무로 만든 종이를 사용했다는 증거이지요. 또한 이 닥종이가 1,200년 이상 보존되었다는 사실로부터 제지 기술의 우수성을 알 수 있는 것입니다.

서양에서는 14세기부터 목판 위에 종이를 놓고 문지르는 방법으로 인쇄를 하였지요. 이후 1445년에 독일의 구텐베르크가 현재도 사용되고 있는 납활자와 강한 압력을 이용한 인쇄기, 그리고 유성잉크를 이용한 활판술을 발명하면서 본격적인 인쇄가 시작되었습니다.

그러나 우리나라는 이보다 70년이 앞선 1377년에 세계 최고의 금속 활자본인 《직지심경》을 인쇄하였습니다. 이것은 2001년에 유네스코 세계 기록 유산으로 등재되었지요. 그러나 안타깝게도 1900년대 초 주한 프랑스 공사였던 플랑시가 프랑스로 가져간 것을 경매 후 기증되어 현재 프랑스 파리 국립 박물관에 보관되어 있습니다.

앞 사진은 슈림프(shrimp, 새우) 피자를 선전하는 광고 인쇄물입니다. 눈으로는 확인하기는 어렵지만 대부분의 인쇄물들은 마치 점묘화처럼 점으로 인쇄되어 있습니다. 그런데 왜 점으로 인쇄할까요? 점으로 인쇄하면 어떤 장점이 있을까요?

점묘화와 컬러 인쇄의 공통점은?

점묘화란 미세한 색점을 찍어서 그린 그림으로 쇠라와

인쇄물(200배)

시냐크 등의 후기 인상주의 화가들에 의해 정립된 화법입니다. 점묘화는 수많은 점들을 일일이 찍어서 색을 표현하기 때문에 하나의 그림을 완성시키기 위해 오랜 기간이 소요되지요. 쇠라의 대표작인 '라 그랑드 자트 섬의 일요일 오후' 는 3년에 걸쳐서 완성한 작품이라고 합니다.

후기 인상주의 화가 쇠라의 '라 그랑드 자트 섬의 일요일 오후'

컬러 인쇄에서 점으로 인쇄하는 이유는 다양한 색상을 쉽게 표현하기 위한 것입니다. 만약에 다양한 색을 일일이 인쇄해야 한다면 인쇄기가 매우 커지고 복잡하겠지요. 디스플레이 장치가 빛의 삼원색에 의해 다양한 빛깔을 나타내듯이 컬러 인쇄도 색의 삼원색으로 다양한 색들을 표현하는 것입니다.

이처럼 광고지는 색을 칠해서 그림을 그린 것 같지만 실제로는 많은 점들이 찍혀 있는 것입니다. 신문 등에 인쇄된 작은 점들은 눈으로도 볼 수 있는데, 광고지의 경우는 선명한 인쇄를 위해서 작은 점들을 촘촘하게 인쇄했기 때문에

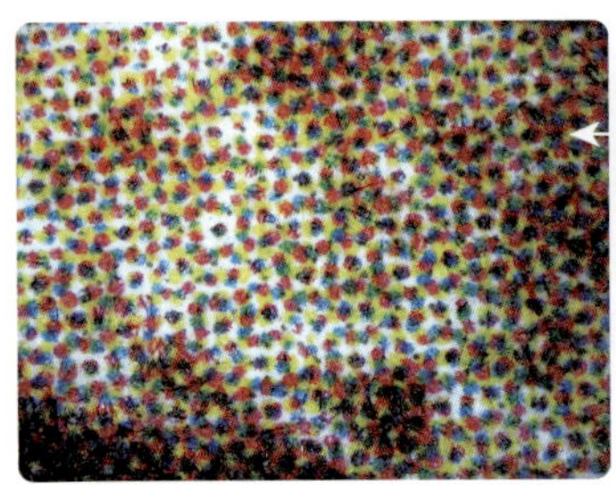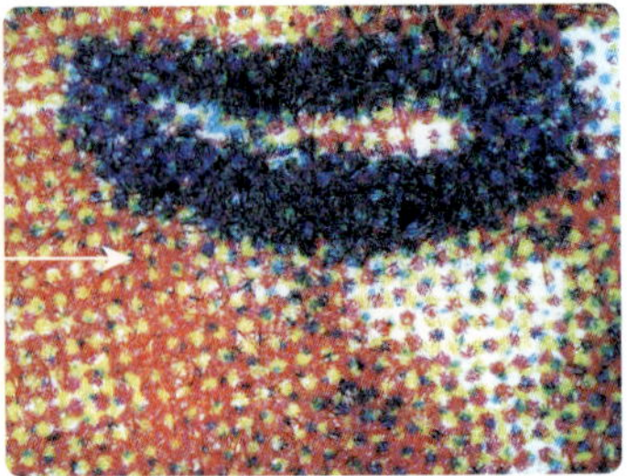

광고지의 확대 사진(50배)

눈으로는 구별할 수 없는 것이지요.

자 그럼 확인해 볼까요? 다음 사진에서 빨간색은 자주색
과 노란색을 섞어서 만든 것을 알 수 있어요. 또한 청록색

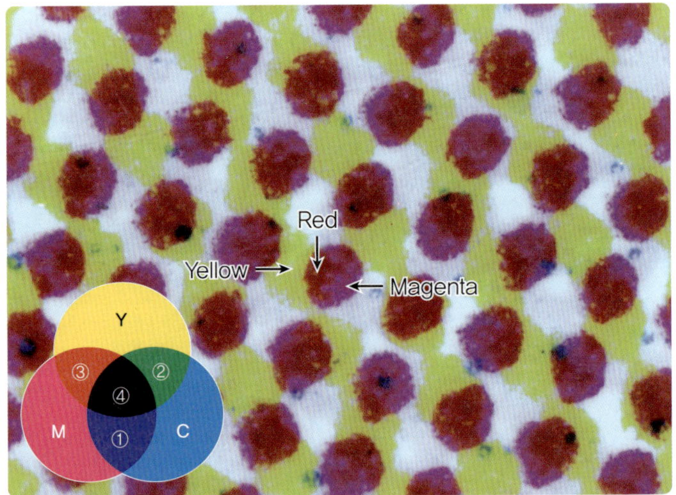

색의 합성(50배)

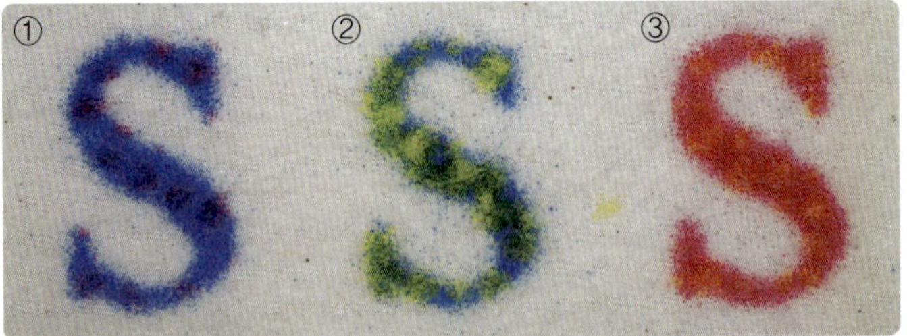

파란색(①), 초록색(②), 빨간색(③)의 합성(50배)

색의 진하기(50배)

과 자주색 그리고 노란색과 청록색을 섞으면 각각 파란색
과 초록색이 되는 것입니다.

　그러나 색의 삼원색을 모두 혼합해도 완전히 검정색이
아니라 진한 회색입니다. 이것을 보완하기 위하여 진하기
는 검정색(black)을 사용하여 표현합니다. 이것을 RGB 색
상 체계에 대응하는 의미로 CMYK 색상 체계라고 하지요.
여기서 검정색 Black의 첫 글자인 B 대신에 K를 사용한 것
은 RGB에서 파란색 Blue의 첫 글자인 B와 혼동을 피하기
위한 것입니다.

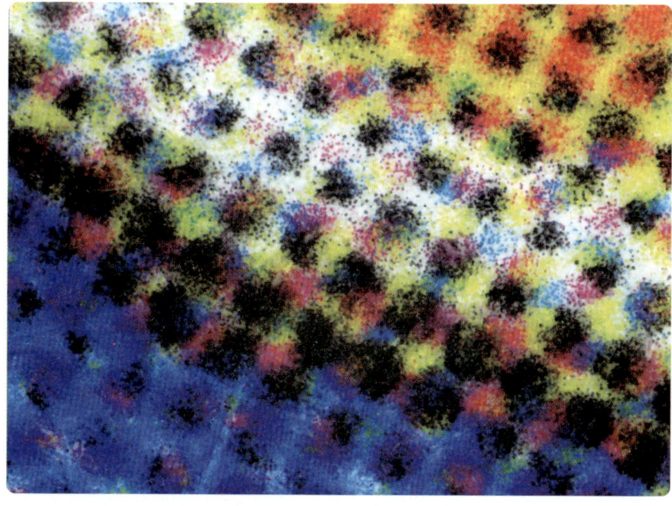

컬러 레이저 프린터의 인쇄물(200배)

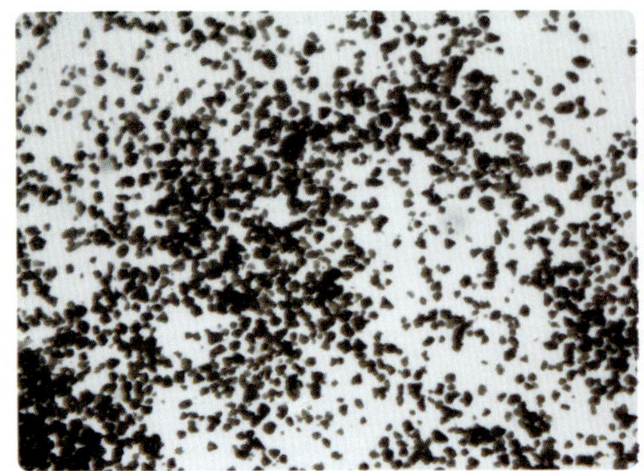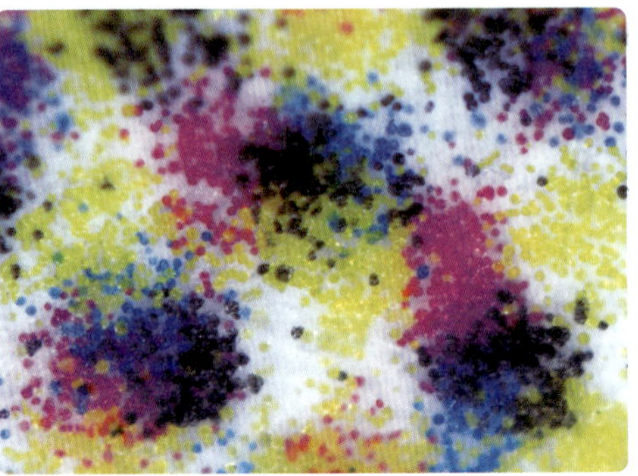

분쇄식 토너와 중합식 토너(500배)

컬러 레이저 프린터와 토너

광고지뿐만 아니라 레이저 프린터로 출력한 인쇄물도 역시 깨알처럼 작은 점으로 이루어져 있어요. 특히 컬러 레이저 프린터는 미세한 가루인 토너를 이용하여 다양한 색상을 표현하고 있습니다. 토너(toner)는 제조 방법에 따라 분쇄식 토너와 중합식 토너가 있습니다.

분쇄식 토너는 착색제와 고분자를 함께 녹여서 혼합한 덩어리를 잘게 부수어 만듭니다. 따라서 표면이 거칠고 입자가 커서 인쇄의 품질이 떨어지게 됩니다.

반면에 중합식 토너는 현탁(suspension) 혹은 유화(emulsion) 중합 방법으로 만듭니다. 현탁 중합은 고분자와 착색제가 혼합된 원료를 기름 방울로 분산시켜서 합성합니다. 유화 중합은 수용성 촉매*나 유화제**를 섞은 물에 원료를 녹인 후 중합시키는 방법입니다. 중합식 토너는 크기가 작고 모양이 균일하기 때문에 분쇄식 토너보다 더 선명하게 인쇄되지요.

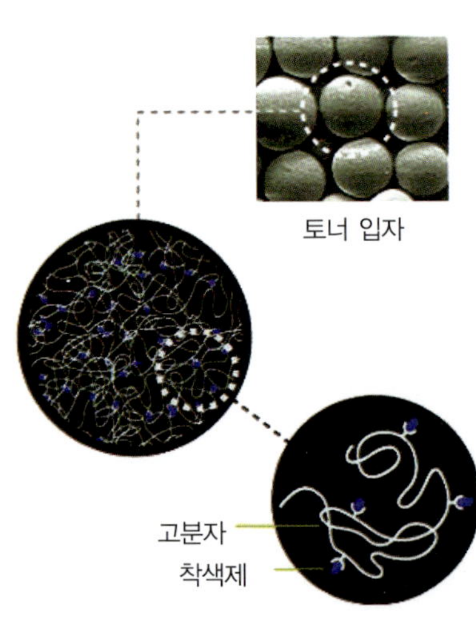

중합식 토너 알갱이의 모양과 구조
(출처 : 디피아이솔루션스)

따라서 흑백 레이저 프린터는 탄소 착색제로 만든 흑백 토너만을 사용하지만 컬러 레이저 프린터에는 청록색, 자주색, 노란색 색소, 그리고 탄소로 착색된 네 종류의 토너가 들어 있는 것입니다.

일반 사진과 폴라로이드 즉석 사진?

컬러 사진도 역시 작은 점들로 다양한 색상을 표현하는데, 점들의 크기가 작을수록 선명한 사진이 됩니다. 그렇다면 즉석 사진도 점들로 색을 표현하나요?

즉석 카메라의 폴라로이드 필름에는 색의 삼원색을 나타낼 수 있는 세 개의 화합물 층과 이 색을 현상하는 약품이 처리된 인화지가 있지요. 촬영한 필름은 배출될 때 롤러의 압력으로 속에 있는 약품 봉지가 터지면서 약품이 전체에 퍼집니다. 약품이 빛에 접촉한 필름 면과 화학반응에 의해서 색깔이 나타나기 때문에 점이 아니라 연속적인 색깔로 나타나게 되는 것입니다. 그러나 디지털 카메라의 대중화

일반 사진과 폴라로이드 사진(200배)

에 밀려 지금은 즉석 카메라가 많이 생산되지 않습니다.

최근에는 휴대폰이나 디지털 카메라의 이미지를 직접 인쇄하는 사진 출력 전용 휴대용 프린터가 등장했습니다. 이 프린터는 염료[•] 승화 방식과 마이크로 압전[••](piezoelectric) 방식을 사용하고 있어요.

사진 출력 전용 프린터
(출처 : 엡손 픽처메이트 PM270)

염료 승화 방식은 플라스틱 종이 위에 네 가지 색의 염료를 미리 흡착시킨 다음, 프린터 헤드에 있는 수백 개의 초소형 세라믹 히터로 가열해서 이미지를 인쇄합니다.

반면에 마이크로 압전 방식은 잉크가 분사되는 노즐에 초소형 압전 소자가 있어요. 이것은 기존의 잉크젯 프린터보다 잉크 방울을 훨씬 더 작게 분사할 수 있기 때문에 사진이 선명하게 인쇄됩니다.

레이저 프린터의 원리는?

레이저 프린터나 복사기는 기본적으로 (+) 전하를 띠는
원통형의 드럼과 (−) 전하를 갖는 토너가 정전기적 인력에
의해서 서로 달라붙는 것을 이용합니다.

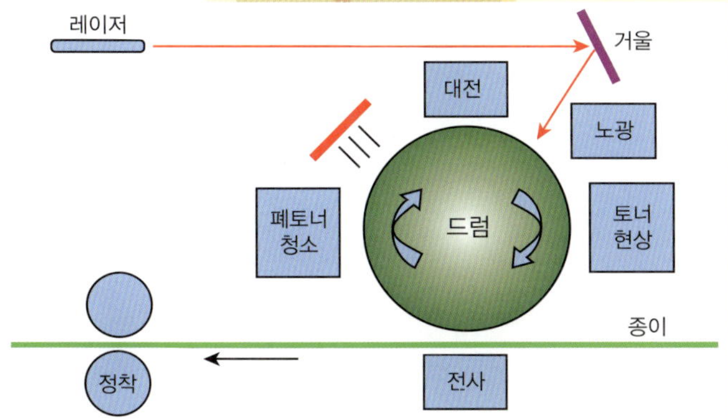

레이저 프린터의 작동 원리

먼저 전압을 가하여 드럼 표면을 (+) 전하로 대전시킨 후
드럼을 인쇄 형태의 신호를 갖는 레이저 빔에 노광시키면
인쇄 형태를 제외한 부분의 전하는 소멸됩니다. 따라서 (−)
전하를 띠는 토너는 인쇄 형태에만 달라붙고, 이것이 용지
위에 전사되는 것입니다. 그리고 열과 압력에 의해서 토너
를 용지 위에 고정시켜서 출력하지요.

계속해서 드럼 위에 남아있는 잔여 토너를 회수하고, 드
럼 표면의 잔상을 제거하여 초기화시키는 제전 과정을 거
치게 되는 것입니다. 이해가 되었나요?

Quiz

이것은 무엇일까요?

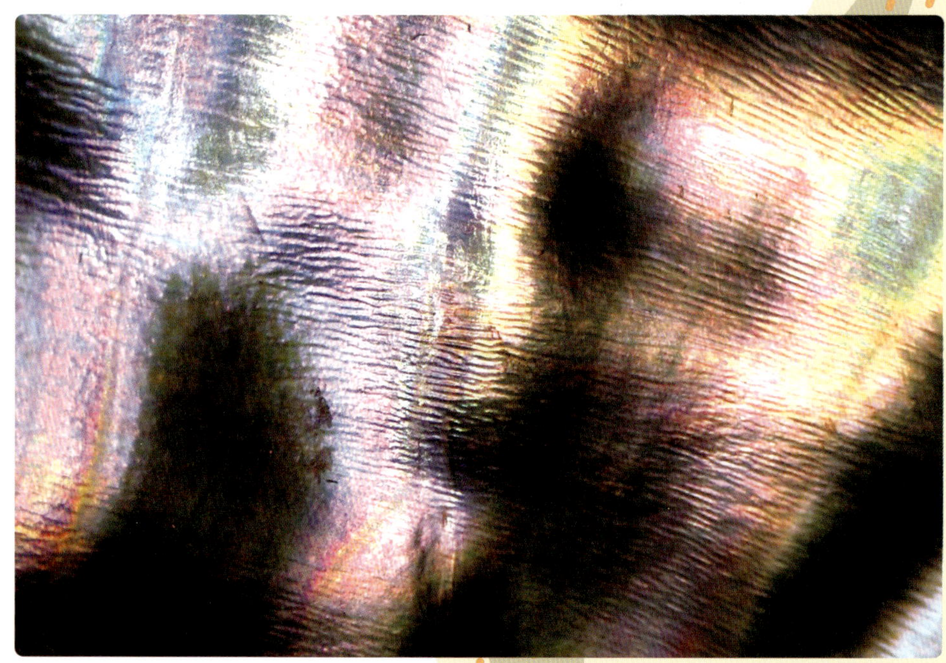

(50배)

무지개 색깔이 아름답지요? 조개류 중에서 가장 귀한 것으로 손꼽히는 이것은 죽으로도 매우 유명하지요. 또한 이것은 나전칠기의 중요한 재료로써 장신구, 단추로도 가공됩니다. 나전칠기란 잘 건조된 목재로 만든 가구에 옻칠●을 한 다음, 여러 가지 조개류의 껍질 등을 세공하여 수놓은 제품입니다. 2007년 제2차 남북 정상 회담에서 나전칠기로 만든 12장생도를 북측에 선물하여 화제가 되기도 했지요. 그렇다면 이것은 무엇일까요?

일반적으로 무지개는 프리즘의 역할을 하는 대기 중의 작은 물방울들에 의해 생기지요. 물방울에 입사된 태양광①은 굴절②될 때 보라색이 가장 많이, 빨간색이 가장 적게 굴절되어서 스펙트럼●●으로 분산됩니다. 이 빛은 물방울의 반대 표면③에서 일부가 반사되어 물방울의 밑부분④에 도달하면 다시 굴절되어 관측자의 눈⑤에 보이는 것입니다.

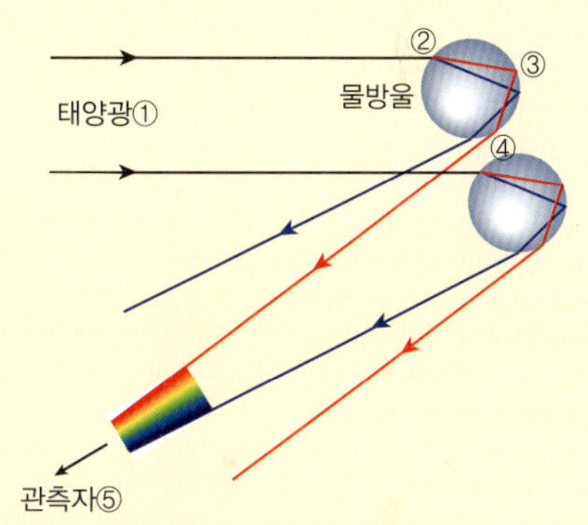

태양광이 물방울에 의해 무지개 색깔로 분산되는 경로

비록 관측자는 하나의 물방울에서 한 가지 색깔만 볼 수 있지만 다른 물방울에서 분산된 색깔과 합쳐져서 무지개 색깔을 볼 수 있습니다. 이러한 무지개의 원리는 뉴턴의 프리즘 실험을 통해 빛이 일곱 가지 색의 요소를 가진 것이 밝혀지면서 설명할 수 있게 되었습니다.

6. 무지개 뜨는 마을
CD와 홀로그램

일곱 색깔 무지개는 하늘과 땅을 연결하는 통로로서 신들이 만든 다리라는 전설이 내려오고 있습니다. 그리고 누구나 한 번쯤은 무지개를 쫓아가는 꿈을 꾸기도 하지요. 이처럼 많은 사람에게 꿈과 희망을 주는 무지개는 신이 인간을 향해 내가 항상 너희와 함께 있겠다는 약속의 증표인 것입니다.

그렇다면 대기 중의 물방울, 그리고 전복 껍데기처럼 무지개 색깔을 내는 것들은 어떠한 것들이 있나요? 데이터를

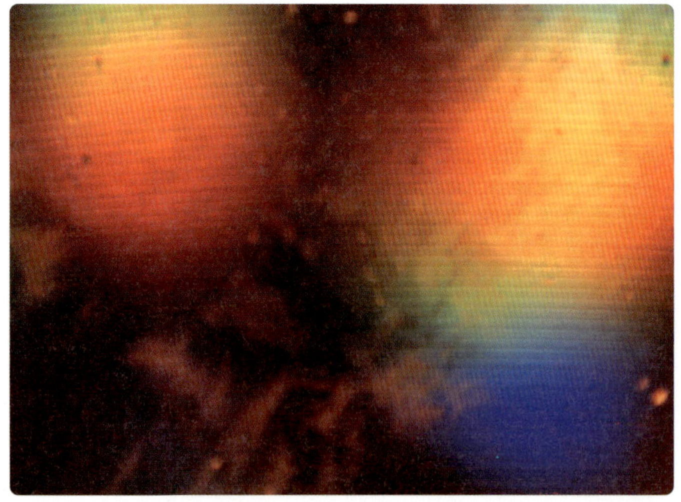

콤팩트디스크의 무지개 색깔(50배)

홀로그램 스티커와 일부를 확대한 사진(200배)

저장하는 콤팩트디스크, 바닷가의 소라껍질, 지폐에 새겨진 위조 방지용 홀로그램* 등 우리 주위에 많습니다. 이것들은 과연 어떻게 아름다운 무지개 색깔을 나타내는 것일까요?

무지개와 회절격자

홀로그램 스티커는 바라보는 방향에 따라서 색깔이 계속 달라집니다. 어떻게 이것이 가능할까요? 그것은 바로 스티커에 새겨진 일정한 간격의 무늬에 의해서 빛이 회절되기 때문입니다. 확대한 사진에서 물결과 같은 무늬가 보이지요? 이처럼 일정한 간격으로 배열된 무늬를 회절격자라고 합니다.

이러한 회절격자는 빛을 무지개 색깔로 회절시킬 수 있습니다. 즉, 회절 무늬들에 의해서 회절된 빛들의 간섭에 의해 무지개 색깔이 나타나게 되는 것입니다. 500배로 확대한 사진에서는 회절격자가 더 선명하지요?

홀로그램 스티커의 격자무늬(500배)

CD도 그런가요?

얼마 전까지만해도 음악을 듣는 주요한 장치는 CD였습니다. 그러나 지금은 MP3* 등을 더 많이 사용하지요. 또한 데이터들도 대부분 USB 메모리에 저장하기 때문에 CD의 사용량은 점차 감소하고 있습니다.

이러한 CD에도 일정한 간격의 회절격자가 있기 때문에 빛을 비추면 무지개 색깔이 나타나게 됩니다. 그런데 데이

> **● MP3**
> 영상 압축 기술의 표준 규격인 MPEG에서 규정한 고음질 오디오 압축기술. 음반 CD의 파일용량을 1/10로 줄일 수 있다.

공 CD(500배)

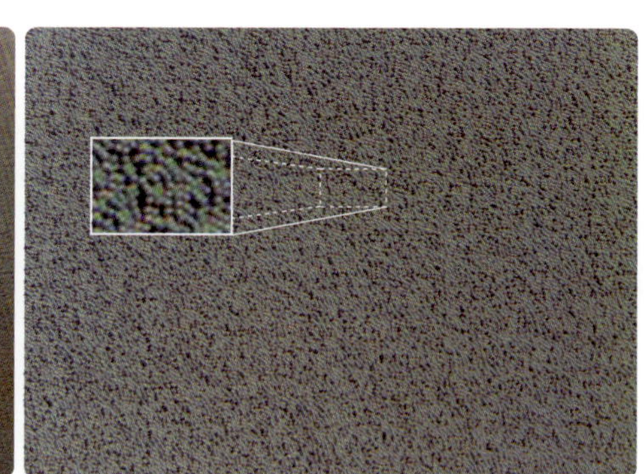

음반 CD(500배)

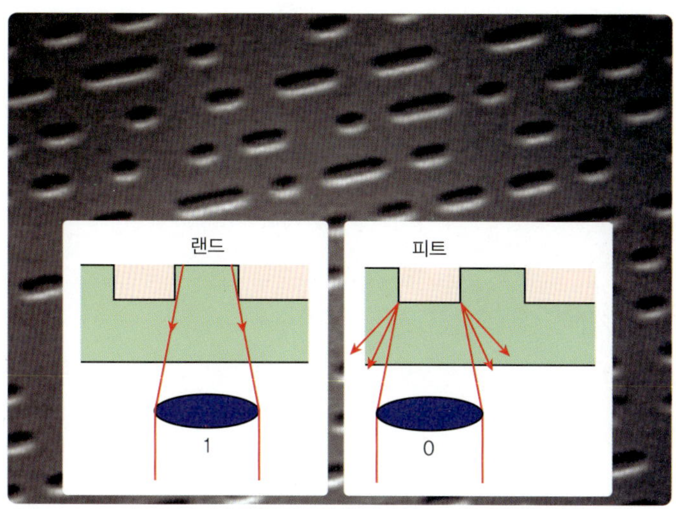

CD의 랜드와 피트

터가 저장되지 않은 공 CD와는 달리 데이터가 저장된 음반 CD에는 격자들 사이에 미세한 홈들이 파여 있어요.

CD의 원리는 무엇일까요?

CD는 편평한 알루미늄 금속의 랜드(land)와 폭 0.5 μm 의 크기로 파여있는 홈인 피트(pit)에 의해 정보를 저장합니다. 높이가 다른 랜드와 피트에 레이저를 쏘면 랜드는 100 % 반사시키지만, 피트에서는 레이저가 회절되기 때문에 빛의 반사가 약해집니다. 이러한 랜드는 1의 신호를, 피트는 0의 신호를 나타내지요. 이 신호는 디지털-아날로그 변환기에 의해 음성 신호로 전환되고 증폭기를 거쳐 스피커로 전달되어 노래가 재생되는 것입니다.

예전의 LP 플레이어는 LP 판에 새겨진 골의 강약을 바늘이 움직이면서 진동으로 소리를 인식하는 것처럼, CD는 작은 피트의 요철을 레이저가 읽는 것입니다. 피트는 플라스틱으로 보호되어 있기 때문에 음이 손상되지 않습니다.

LP 레코드(500배)

또 다른 무지개 색깔은?

진주의 표면에도 물결과 같은 무늬가 있지요. 그리고 지폐의 홀로그램과 나방의 날개에 있는 격자 무늬에 의해서도 무지개 색깔이 나타납니다.

이처럼 색깔은 색소에 의해 흡수되고 남은 빛의 반사뿐만 아니라 색소가 없더라도 규칙적인 미세구조의 간섭에 의해서도 나타나지요.

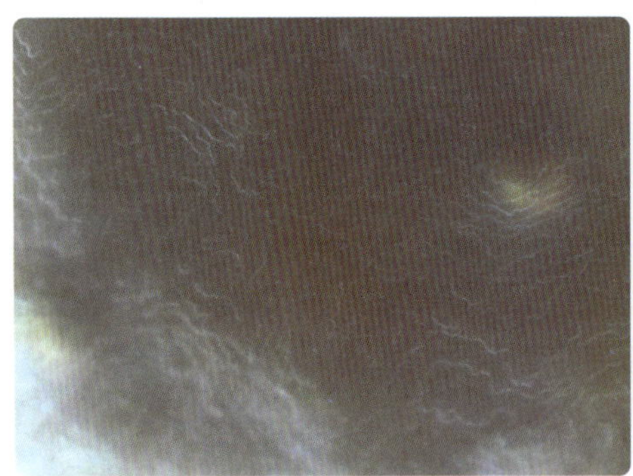

진주와 지폐의 홀로그램(500배)

CD의 종류는?

　CD는 한 번밖에 기록할 수 없는 CD-R(recordable)과 반복해서 기록이 가능한 CD-RW(rewritable)가 있습니다.

　금색의 CD-R에는 화학 물질인 염료가 들어있어요. 이 염료를 레이저로 분해시키면, 분해되지 않은 부분과 굴절률이 달라지기 때문에 반사율이 달라집니다. 따라서 이 부분이 데이터를 저장하는 피트가 되지요. CD에 데이터를 저장하는 것은 레이저로 염료를 태우는 것이기 때문에 'CD를 굽는다' 라고 하는 것입니다.

　은색의 CD-RW는 결정질과 비결정질의 상이 서로 변하는 물질을 사용합니다. 즉, 고출력의 레이저를 쏘아서 급속 냉각하면 결정으로 되지만, 저출력을 이용하면 비결정질이 생깁니다. 이들은 반사율이 서로 다르기 때문에 1과 0의 신호를 나타내지요. 따라서 레이저에 의해 결정의 상을 계속 변화시킬 수 있기 때문에 반복해서 사용할 수 있습니다.

CD-R과 CD-RW

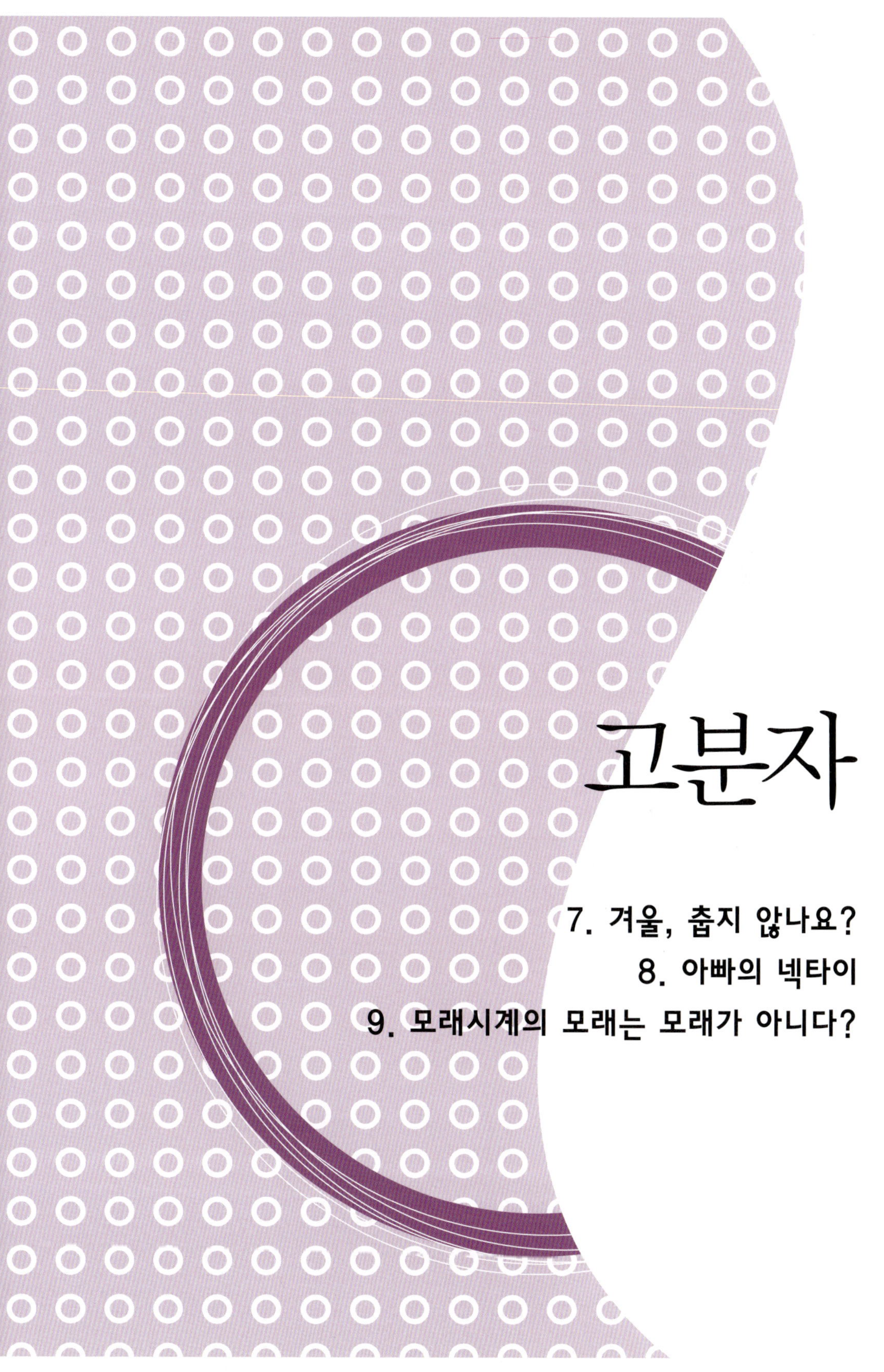

고분자

7. 겨울, 춥지 않나요?

8. 아빠의 넥타이

9. 모래시계의 모래는 모래가 아니다?

Quiz

이것은 무엇일까요?

(50배)

　마치 고기를 잡는 그물 같지 않나요? 이것은 주로 여성
들이 신는 양말로서 나일론과 같은 고분자로 만듭니다. 의
식주 및 가전용품, 자동차 등의 재료뿐만 아니라 단백질, 다
당류, 핵산과 같은 생명의 유기체들도 대부분 고분자로 구
성되어 있지요. 그렇다면 이것은 무엇일까요?

　고분자(polymer)란 간단한 단량체*(monomer) 화합물들
이 반복적으로 결합된 10,000～1,000,000 정도의 분자량
을 갖는 화합물입니다. 합성 고분자의 시초는 독일의 스타
우딩거**에 의해 합성된 폴리스티렌(polystyrene)이지요.

　고분자의 구조는 1차원의 긴 사슬과 같은 선형, 사슬이 2
차원적으로 연결된 그물형, 3차원적으로 네트워크가 형성
된 망상형이 있으며 각각 다른 물리적 성질을 갖습니다.

　또한 고분자는 열적인 특성에
의해서 열가소성과 열경화성으로
구분합니다.

　열가소성 고분자는 열을 가해서
모양을 변형시킬 수 있기 때문에
재활용할 수 있습니다. 일상생활
에서 주로 사용되는 범용 수지와
자동차나 전자 부품 등에 쓰이는
엔지니어링 수지로 구분되지요.
이에 비해 열경화성 고분자는 주로
망상형 고분자로서 매우 단단하기 때문에 재활용할 수 없
습니다.

열가소성 폴리스티렌 고분자로 만든 휴대폰 고리

7. 겨울, 춥지 않나요?
스타킹

바람이 휘몰아치는 한겨울에도 얇은 스타킹을 신고 다니는 사람들이 많지요? 춥지 않을까요? 아니면 겨울용 스타킹에는 특별한 보온 장치라도 있는 것일까요?

흔히 비단은 황하 문명을, 면은 산업 혁명을, 그리고 나일론은 20세기 문명을 일으켰다고 할 정도로 나일론은 인류의 문명사에 큰 영향을 끼쳤습니다.

그러나 최근에 이러한 고분자 제품들은 환경 오염의 주범으로 인식되면서 고분자로 만든 플라스틱의 재활용에 대

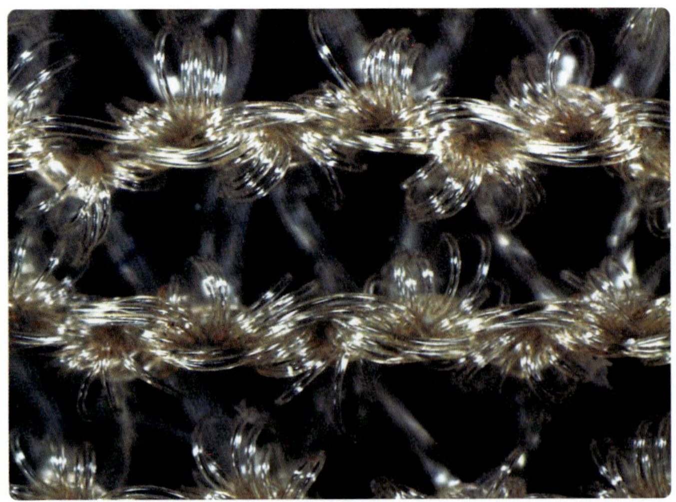

여름용 스타킹(200배)

한 교육이 강조되고 있습니다. 특히 플라스틱의 성질을 사용하는 재질에 따라서 다양하기 때문에 재활용 이전에 선별과정을 거쳐야 하지요. 따라서 누구나 쉽게 분류할 수 있도록 용기의 옆이나 밑면에 1번부터 7번까지의 번호가 표시가 되어 있습니다. 이 중에서 3번(PVC)과 7번(Other)은 재활용이 불가능한 플라스틱입니다.

나일론(nylon)은?

1938년에 미국의 듀폰(DuPont)은 '석탄과 물과 공기로 만든 거미줄보다 가늘고, 실크보다 아름답고, 강철보다 강한 섬유' 라는 나일론의 합성을 발표하였습니다. 그 당시 나일론으로 만든 스타킹은 실크 스타킹보다 훨씬 비쌌지만 날개 돋친 듯이 팔렸다고 합니다.

한쪽 방향으로 잡아당긴 스타킹(50배)

나일론은 질기고 세탁이 간단하며 잘 구겨지지 않기 때문에 의복, 로프, 양말, 낙하산 등 다양한 용도로 사용되고 있는 꿈의 섬유입니다. 그러나 땀 흡수가 잘 되지 않아 무좀과 같은 피부병이 생기기 쉽고, 정전기 등이 발생하며, 환경 오염 때문에 지금은 폴리에스테르, 레이온[•] 등과 함께 사용하고 있습니다.

지금의 스타킹은 잘 늘어나는 폴리우레탄[••]과 나일론을 동시에 방사[•••]하여 만든 화학 섬유로 만듭니다. 나일론도 레이온이나 누에의 실처럼 광택이 있습니다.

그렇다면 여름철 스타킹과 겨울철 스타킹은 어떤 차이가 있을까요? 겨울용 스타킹은 보온을 위해서 여름용보다 더 많은 섬유 가닥으로 만듭니다. 특히 섬유를 꼬아줄 때 흑인의 곱슬머리처럼 꼬아주는 울리 가공(wooly finish) 방법을 이용합니다. 이렇게 만든 스타킹은 섬유들 사이에 많은 공기가 있을 수 있기 때문에 단열 및 보온 효과가 뛰어나지요.

겨울용 스타킹(50배)

매직블록은?

고분자로 만든 제품들은 이외에도 많습니다. 매직블록

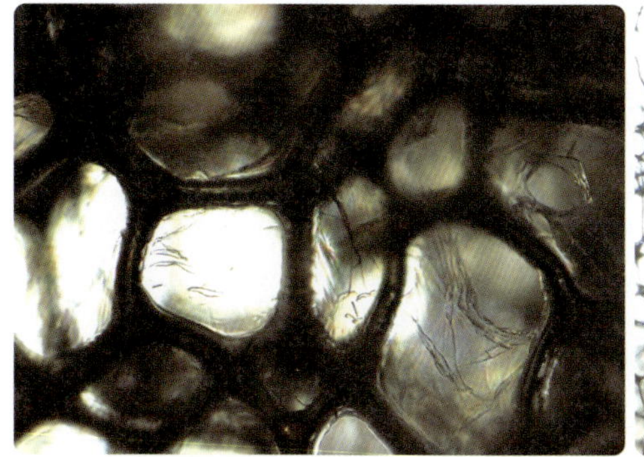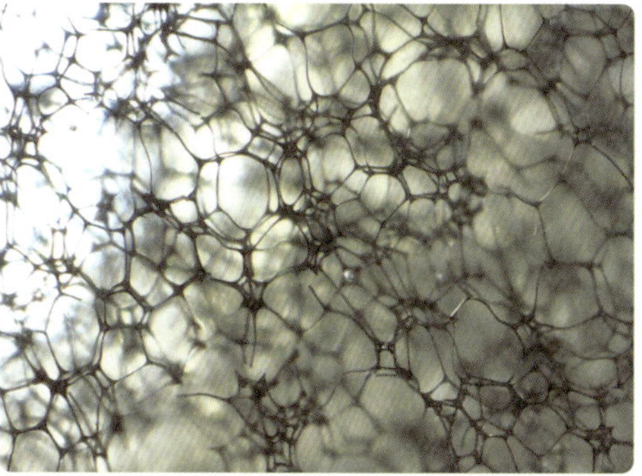

스펀지와 매직블록(200배)

(magic block 혹은 magic eraser)도 그 중 하나이지요. 주로 주방에서 사용하는 매직블록은 극세사 소재인 멜라민 고분자에 공기를 불어넣어 만든 초극세사 스펀지입니다. 세제를 사용하지 않고 물만 적신 상태로도 찌든 때를 제거할 수 있기 때문에 환경 친화적인 제품이지요.

어떻게 이것이 가능할까요? 매직블록 섬유의 단면은 삼각형으로서 일반 스펀지 섬유보다 마찰력이 크기 때문에 접촉면의 때를 잘게 벗겨낼 수 있습니다. 이처럼 매직블록은 오염물질을 화학적으로 제거하는 것이 아니라, 작게 분해하여 흡수하듯이 물리적으로 제거하는 것입니다.

또한 매직블록의 섬유는 폴리우레탄 등을 발포하여 만든 스펀지보다 훨씬 더 가늘며, 섬유 사이의 공간도 더 촘촘하기때문에 작게 분해된 때 등을 쉽게 제거할 수 있지요.

초극세사와 그 제품은?

극세사란 나일론과 폴리에스테르로 만든 0.5 데니어[•] 이하의 합성 섬유로서 머리카락 굵기의 1/25 정도이며, 초극세사는 0.1 데니어 이하의 실을 말합니다.

초극세사 섬유로 만든 안경닦개는 안경 표면을 지나가는 섬유가 매직블록처럼 가늘고 섬유 사이가 촘촘해서 안경 표면에 더 잘 밀착되기 때문에 먼지나 때가 잘 제거됩니다. 또한 부드러워서 유리에 흠집이 나지 않기 때문에 청소용품으로도 많이 활용되지요.

초극세사로 만든 항균 이불도 있는데, 보통 100~200 μm의 진드기는 초극세사로 만든 침구 안쪽으로 침투

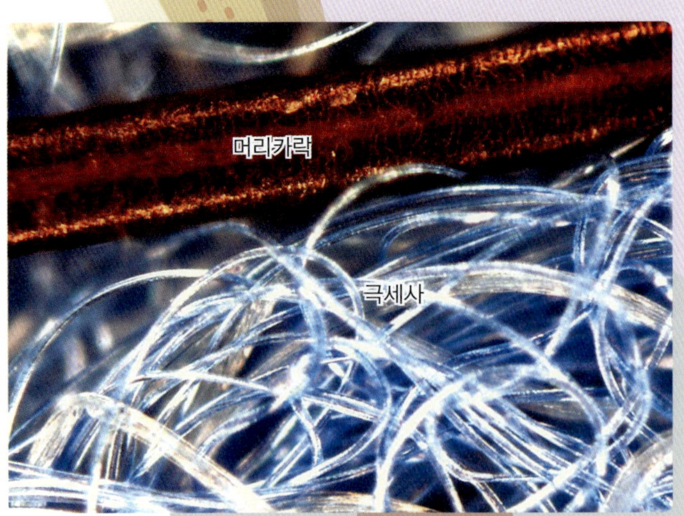

머리카락과 극세사 섬유(500배)

할 수 없습니다. 특히 초극세사는 모세관 현상으로 쉽게 땀을 흡수하고 배출하기 때문에 운동선수들의 유니폼이나 목욕 가운에도 많이 사용됩니다.

그런데, 손수건으로 안경을 닦으면 잘 닦이지 않는 이유는 무엇일까요? 면은 물과 친하기 때문에 모세관 현상에 의해 물을 잘 흡수합니다. 그러나 안경에는 주로 기름 때가 묻기 때문에 손수건으로 잘 닦이지 않는 것입니다.

최근에는 세무 가죽˙ 대신에 폴리에스테르를 안경닦개의 재료로 사용하고 있습니다. 그런데 같은 폴리에스테르로 만든 와이셔츠로는 왜 안경이 잘 닦이지 않는 것일까요? 안경닦개에 사용하는 폴리에스테르 섬유는 지름이 $1\sim2\ \mu m$의 초극세사인 반면에 와이셔츠는 $10\sim15\ \mu m$의 굵은 섬유이기 때문입니다.

Quiz

이것은 무엇일까요?

(50배)

사람이 살아가는 데 반드시 필요한 것은 옷과 음식과 집, 즉 의식주(衣食住)입니다. 그렇다면 이 중에서 가장 중요한 것은 무엇일까요? 순서대로 옷, 음식, 그리고 집일까요? 북한과 미국에서는 의식주 대신에 식의주(food, clothing, and shelter)라고 하지요.

이것은 주로 남자들이 착용하는 의류 중 하나입니다. 와이셔츠? 남방? 무엇보다도 전체적으로 조화를 이루어야 옷맵시가 난다고 하지요. 그렇다면 이것은 무엇일까요?

우리 조상들은 여름에는 옷감이 성글고 바람이 잘 통하는 삼베*나 모시** 옷을 주로 입었습니다. 그리고 겨울에는 귀족들은 명주 옷을 입었지만, 서민들은 여전히 삼베나 모시 옷을 입었기 때문에 추운 겨울을 보내야 했습니다.

1363년 원나라에 사신으로 갔던 문익점은 공민왕 제거 음모에 연루되어 중국에서 귀양살이를 하게 됩니다. 이때 그는 중국인들이 겨울에 목화로 만든 따뜻한 무명 옷을 입는 것을 보았지요.

당시 원나라는 목화씨와 그 재배 방법의 유출을 막고 있었습니다. 그러나 문익점은 귀양살이 후 붓 뚜껑 속에 10개의 목화씨를 몰래 숨겨서 귀국합니다. 그리고 장인 정천익과 함께 그중 하나를 싹 틔우는데 성공합니다. 두 사람은 이로부터 얻은 씨를 해마다 늘려 심는 노력 끝에 목화 재배에 성공하였지요. 마침내 원나라 승려로부터 실을 뽑을 수 있는 물레를 만드는 법을 배우면서 비로소 우리나라에서도 무명 옷을 입을 수 있게 되었던 것입니다.

8. 아빠의 넥타이

의류

깨끗한 새 옷을 처음으로 입던 날! 김칫국물이나 반찬을 옷에 흘려서 곤란했던 적이 없나요? 특히 김칫국물 자국은 잘 지워지지 않기 때문에 조심해야 하지요.

김칫국물이 묻었을 때는 옷을 물에 담가 김칫국물을 뺀 후, 양파 즙을 앞뒤에 골고루 펴서 바릅니다. 그리고 말거나 뭉쳐서 하룻밤을 둔 후 비누로 씻으면 되지요.

우리나라는 섬유 선진국으로서 화학 섬유류 수출은 세계 1위의 자리를 지키고 있습니다. 넥타이와 같은 의류들은 단순하게 보이지만 자세히 보면 가는 실들이 매우 정교하게 꼬여 있는 것을 알 수 있습니다. 여러분들도 털목도리를 뜨거나 십자수를 놓았던 적이 있지요? 그런데 그보다 훨씬

합성 섬유로 만든 넥타이(50배)

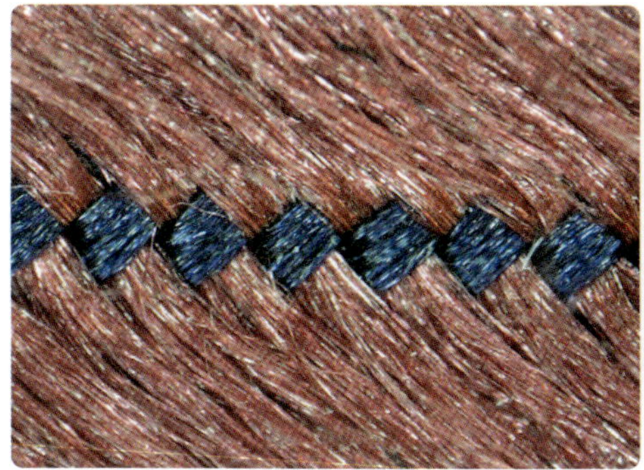 

합성 섬유로 만든 넥타이(50배)

더 가는 섬유들로 이렇게 정교한 넥타이를 만드는 방직 기술이 놀랍지 않나요?

합성 섬유와 천연 섬유의 차이점은?

넥타이는 보통 다른 색깔의 섬유들이 일정한 패턴으로 꼬여 있습니다. 그러나 아래 넥타이처럼 다른 색이 같은 섬유 가닥에 있는 경우가 있습니다. 어떤 차이가 있을까요?

천연 섬유로 만든 넥타이(50배)

　그것은 바로 섬유의 종류가 다른 것입니다. 즉, 사람이 만든 합성 섬유는 대개 화학적으로 안정하여 염색이 잘 안 되기 때문에 섬유를 뽑을 때 미리 염색을 합니다. 따라서 나일론과 같은 합성 섬유로 만든 와이셔츠들은 단색을 사용하는 경우가 많습니다. 이러한 경우 색상의 변화를 주기 위해서 서로 색깔이 다른 섬유를 서로 꼬아서 체크나 혹은 스트라이프 무늬를 만드는 것입니다.

　반면에 동·식물에서 얻은 천연 섬유는 비교적 염색이 잘 되기 때문에 옷을 만든 다음에도 다양한 모양을 쉽게 염색할 수 있어요. 따라서 천연 섬유인 면으로 만든 옷은 다양한 색깔로 이루어진 디자인을 쉽게 염색할 수 있는 것입니다.

합성 섬유로 만든 와이셔츠와 천연 섬유로 만든 티셔츠

천연 섬유의 종류는?

　천연 섬유에는 면, 마, 모, 견 등이 있으며 각각 다른 특성을 갖고 있습니다. 목화씨에서 얻는 식물성 섬유인 면은 흡수성, 착용감이 좋고 및 세탁이 편리하며 무명을 만들 때 사용하지요. 또한 식물의 껍질이나 잎으로부터 얻는 마는 모시의 원료로서 흡습성, 건조성, 구김성이 우수합니다.

천연 섬유의 종류

　동물성 섬유인 모는 양모, 앙고라, 캐시미어* 섬유 등이 있는데, 보온과 탄성이 우수하며 잘 구겨지지 않는 사계절용 고급 옷감입니다. 누에고치에서 얻는 견은 비단의 원료로서 부드럽고 광택이 있으며 보온이 잘 되지만, 물로 세탁하면 줄어들기 때문에 드라이클리닝**을 해야 합니다.

● 캐시미어
인도의 카슈미르 지방에서 캐시미어 산양의 털로 짠 모직물

●● 드라이클리닝
휘발성 유기용제를 사용하여 마른 상태로 세탁하는 방법

Quiz

이것은 무엇일까요?

(50배)

흰색, 검정색, 갈색, 보라색 알갱이들…. 마치 쌀, 보리, 조, 수수 등이 섞여 있는 잡곡 같지 않나요? 그러나 이 사진의 전체 가로의 길이는 약 5 mm입니다. 그리고 가운데를 더 확대하면 암모나이트 화석처럼 생긴 것도 있습니다. 그렇다면 이것은 무엇일까요?

암모나이트는 중생대의 대표적인 화석으로서 암몬 조개 혹은 국화처럼 생겼기 때문에 국석(菊石)이라고도 합니다. 특히 껍데기가 단단하기 때문에 거의 모든 나라에서 발견되지요. 크기는 2 m가 넘는 것에서부터 수 cm 정도인 것까지 있으며, 공룡과 함께 6,500만 년 전에 멸종된 것으로 알려지고 있습니다.

다양한 암모나이트 화석들

화석이란 지질 시대에 살았던 고생물의 유해나 흔적을 말합니다. 이러한 화석은 어떻게 형성될까요? 화석이 형성되려면, 단단한 부분이 있는 생물체가 순식간에 매몰되어서 치환, 탄화, 암석화, 냉동 등과 같은 화석화 작용이 일어나야 하는 것입니다.

9. 모래시계의 모래는 모래가 아니다?

모래

'바윗돌 깨뜨려 돌덩이, 돌덩이 깨뜨려 돌멩이, 돌멩이 깨뜨려 자갈돌, 자갈돌 깨뜨려 모래알~' 밀려오는 파도에 힘없이 무너져 내리는 모래성. 바닷가에서 모래성을 쌓아본 적이 있나요? 앞 장의 사진은 해수욕장에 펼쳐진 백사장의 모래 알갱이들을 확대한 것입니다. 이 모래알의 크기는 불과 0.2 mm 정도랍니다. 알록달록한 형형색색의 모래알이 아름답지요?

바닷가 모래를 볼 때마다 과연 이 모래는 어떻게 만들어

제주도 협재 해수욕장과 모래 알갱이(50배)

졌을까? 라는 호기심과 함께 자연에 대한 경외감을 갖게 되지요. 모래는 형성된 지역에 따라서 까칠한 굵은 모래, 부드러운 모래, 검은 모래 등 다양한 모양과 색깔을 갖고 있습니다.

아름다운 모래의 세계로~

모래를 좀 더 확대해 볼까요? 이제 암모나이트 화석처럼 생긴 것이 확실히 보이나요? 과연 이것은 바닷가 모래 속에서 수억 년의 세월을 이겨낸 작은 화석일까요?

모래는 알갱이의 지름이 2~0.02 mm인 암석이나 광물 조각을 말합니다. 그 이상은 자갈, 0.02~0.002 mm는 실트, 0.002 mm 이하는 점토로 분류하고 있지요.

또한 모래는 광물의 조성에 따라 석영이 많은 석영사, 유색 광물이 많은 흑사, 회록석이 많은 녹사 등이 있으며, 생성 원인 혹은 퇴적 장소에 따라 산사, 강사, 해사, 사구사, 화산회사 등으로 분류합니다.

모래 알갱이(200배)

일반적인 모래의 주성분은 풍화에 강한 석영이지만, 생성 지역에 따라서 운모, 각섬석, 자철석, 화산유리, 유공충 껍데기 등이 섞여 있습니다. 아하! 그렇군요. 암모나이트처럼 생긴 모래 알갱이는 화석이 아니라 바로 유공충 껍데기였습니다.

유공충은 대부분 1 mm 이하인 원생생물로 광물질이나 키틴질의 껍데기가 있습니다. 즉, 유공충은 모래알이나 작은 생물의 껍데기 파편 등을 모아서 교착시키거나 스스로 분비해서 껍데기를 만들지요. 유공충 껍데기는 줄 모양, 평면선회 모양, 나선 모양 등이 있는데, 나선 모양의 유공충이 바로 암모나이트처럼 보이는 것입니다.

다른 모래는 어떤가요?

곽지 해수욕장의 모래는 알갱이가 더 크고 약간 거칠지만 역시 많은 조개 껍데기들로 구성되어 있어요. 이처럼 각종 조개 껍데기가 주성분을 이루고 있는 모래를 '패사' 라고 합니다.

이에 비해 모래찜질로 유명한 제주시 삼양 해수욕장과 서귀포시 화순 해수욕장의 모래는 검붉은 화산쇄설물과 투명한 화산유리로 구성된 화산회사입니다.

곽지 해수욕장의 패사 모래(50배)

삼양 해수욕장의 화산회사(50배)

　반면에 서해안에 위치한 영홍도의 모래는 풍화에 강한 석영이 주성분인 석영사입니다. 다음 사진에서 투명한 석영 알갱이들이 많이 보이지요? 이처럼 모래는 지역에 따라 패사, 화산회사, 석영사 등 다양한 종류가 있습니다.

서해안 영흥도의 석영사(50배)

집을 지을 때 사용하는 모래는?

바닷가 모래인 해사에는 소금 성분이 많이 포함되어 있기 때문에 이것을 콘크리트에 사용하면 철근이 빨리 녹슬지요. 따라서 집을 짓는 건축용 모래는 주로 강에서 채취한 강사를 사용합니다. 그러나 강사의 양이 많지 않기 때문에 해사를 물로 씻어서 소금기를 제거한 모래를 많이 사용하고 있습니다.

또한 모래는 체로 쳐서, 알갱이가 작은 모래는 벽이나 바닥을 매끈하게 하는 미장용으로, 굵은 모래는 건물의 골격을 세우는 벽돌용으로 사용합니다.

모래시계의 모래는 모래일까요?

모래시계는 일정한 시간만 측정할 수 있기 때문에 용도에 따라 특정한 시간을 알려주는 맞춤형 시계로 사용되었습니다. 예를 들어 목사님께서 설교하실 때는 30분짜리를, 달걀을 삶을 때는 3~4분짜리 모래시계를 사용했지요. 한

미장용 모래와 벽돌용 모래(50배)

증막 사우나에 있는 모래시계는 5분 정도 소요됩니다.

그런데, 모래시계에 들어있는 알갱이들은 진짜 모래일까요? 만약에 모래라면 지금까지 본 것처럼 모양과 색깔이 다양하겠지요? 그러나 모래시계의 알갱이들은 모두 같은 색깔과 같은 모양입니다. 따라서 모래시계에는 진짜 모래가 아닌 합성 고분자를 사용하고 있는 것입니다.

사진의 배경은 프랑스 남서부 아르까숑 근처의 듄드필라

프랑스 남서부 해안의 듄드필라와 모래시계의 알갱이(500배)

(Dune de Pyla)라는 유럽 최대의 사구로서 길이 약 3 km, 높이 약 110 m, 폭이 약 500 m입니다. 내륙으로는 나폴레옹 황제가 황량한 벌판에 바닷바람을 막기 위해 심었다는 소나무 숲이 펼쳐져 있지요.

그런데 '거꾸로 가는 모래시계'를 본 적이 있나요? 이것은 간단한 과학의 원리를 이용한 것으로서, 왼쪽에는 액체보다 무거운 고분자를, 오른쪽에는 액체보다 가벼운 고분자를 넣어서 만든 것입니다. 따라서 모래시계를 뒤집으면 무거운 초록색은 항상 아래쪽으로 가라앉고 가벼운 빨간색은 위쪽으로 떠오르게 되지요.

거꾸로 가는 모래시계와 알갱이. 왼쪽(30배), 오른쪽(50배)

모래시계와 물시계?

모래는 물과 같은 일반적인 유체와는 다르게 흐릅니다. 예를 들어 모래시계로 시간을 측정할 수 있는 것은 흘러내리는 모래의 양이 항상 일정하기 때문입니다.

만약에 물을 사용한다면 위에 남아있는 물의 양이 줄어들면 수압이 낮아지기 때문에 시간에 따라 흐르는 물의 양이 달라지게 됩니다. 이처럼 모래와 같은 알갱이로 구성된 계는 액체와는 다른 물리적인 현상들을 나타냅니다.

> ● 유체
> 기체나 액체처럼 쉽게 변형되는 물질로서 유체의 운동을 연구하는 것이 유체역학이다.

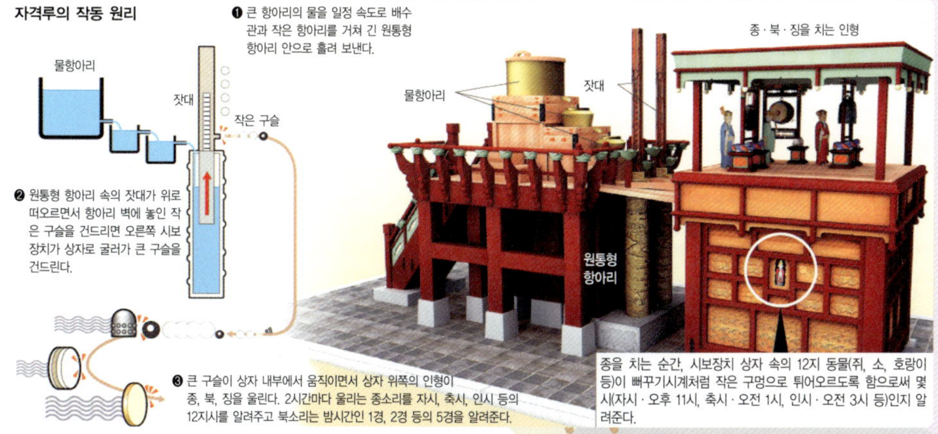

자격루의 작동 원리와 복원된 자격루(출처 : 동아일보, 2007년 2월)

그렇다면 자격루는 어떠한가요? 자격루는 물의 양에 따라서 수압이 달라지는 것을 막기 위해서 여러 개의 물 항아리에 물을 채우고 여러 단계로 내려오도록 과학적으로 설계되어 있습니다.

인체

10. 세월의 흐름
11. 치카치카 이를 닦자
12. 손을 깨끗이 씻자

Quiz

이것은 무엇일까요?

(500배)

젊은 사람의 흰머리는 유전이나 영양부족 혹은 스트레스 등에 의해 멜라닌 색소가 제대로 분비되지 않기 때문에 생기는 것입니다. 그리고 일부분에만 흰머리가 생기는 것은 그 부분만 색소가 소실되었기 때문이지요.

그러나 나이가 들어서 생기는 흰머리는 모근의 멜라닌 색소가 없어 검은색을 만들지 못하기 때문에 생기는 자연적인 노화 현상이지요. 따라서 흰머리를 뽑아도 모근은 그대로 남아있기 때문에 계속해서 흰머리가 나는 것입니다.

그렇다면 젊은 사람의 검은 머리에 섞여 있는 흰머리는 무엇이라고 부를까요?

최근에는 젊은 사람들의 탈모도 급격하게 증가하고 있습니다. 사람의 모발은 85~90 %가 성장기 모발이며 10~15 %는 휴지기 모발입니다. 따라서 휴지기 모발 중 하루에 50~60개 정도가 탈모되며 새로운 모발이 생겨나고 있습니다.

그러나 새로운 모발보다 빠지는 숫자가 많아지면 탈모증이 되는 것입니다. 탈모증에는 스트레스가 주원인인 원형 탈모증, 유전적인 남성형 탈모증, 흉터에 의한 반흔성 탈모증 등이 있습니다.

10. 세월의 흐름
흰머리와 새치

　‘신체발부는 수지부모하니 불감훼상이 효지시야요.’ 이것은 《효경》에 나오는 말로 우리의 몸은 부모에게서 받은 것이니 다치지 않는 것이 효도의 시작이라는 뜻입니다.

　구한말에 단발령*이 공포되자 최익현을 비롯한 유생들은 머리는 잘라도 머리카락은 자를 수 없다고 반발했지요. 이것은 부모로부터 물려받은 것을 소중히 여겼을 뿐만 아니라, 민족 고유의 정신을 말살하려는 일본의 계략에 저항하는 표시였던 것입니다.

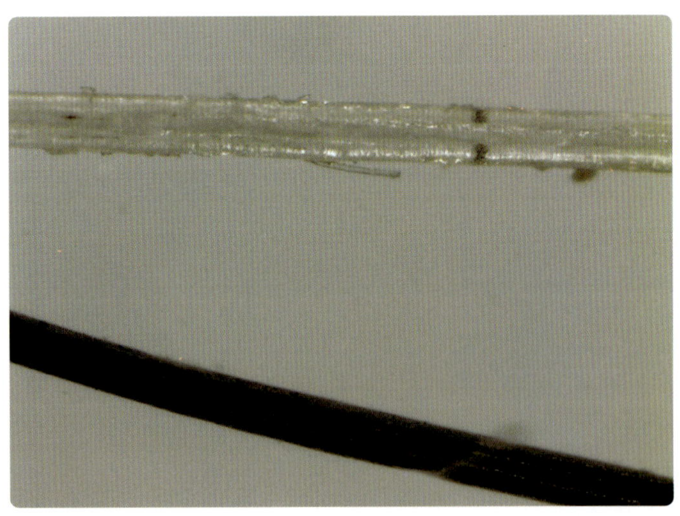

흰머리와 검은 머리카락(200배)

사진은 노화에 의해서 생긴 흰머리와 건강한 검은 머리를 비교한 것입니다. 노화에 의한 흰머리는 표면도 거칠어요. 이러한 흰머리와는 달리 젊은 사람에게서 나는 흰머리는 '새치' 라고 합니다.

모발은?

사람의 모발은 거의 온 몸에 분포하고 있으며 머리카락, 눈썹, 수염, 체모, 겨드랑이털, 음모 등 6개의 유형으로 구분하지요. 이들은 각각 다른 특징을 갖는데, 예를 들어 눈썹의 단면은 머리카락처럼 원형이지만 끝으로 갈수록 가늘고, 수염은 머리카락보다 단단하고 꼬불꼬불합니다. 또한 사람의

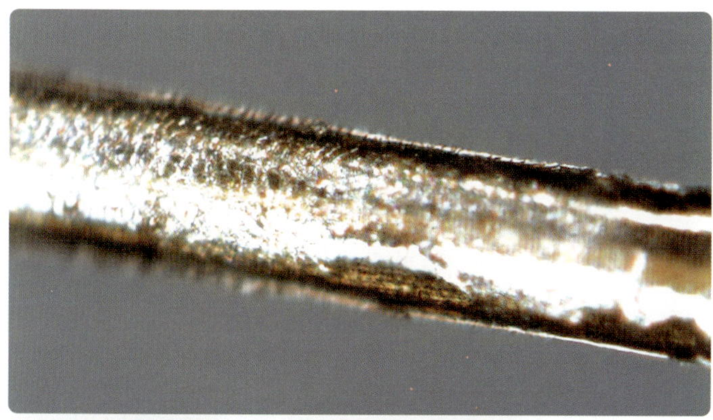

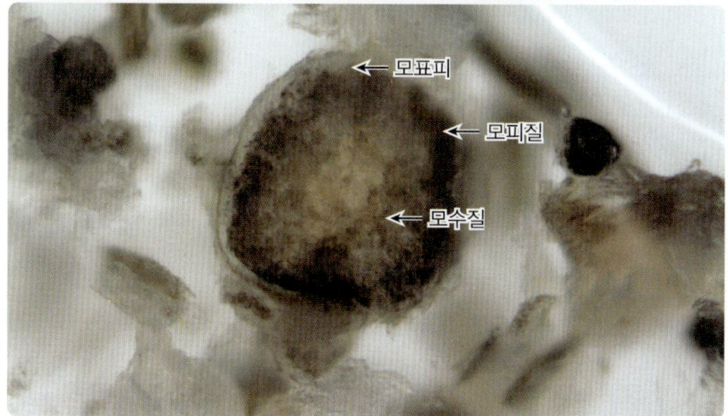

머리카락과 수염의 단면(500배)

모발은 거의 모든 동물의 모발과 구별이 가능합니다.

　모발의 주성분은 케라틴* 단백질입니다. 모발은 얇고 딱딱한 비늘 모양의 모표피(큐티클), 두꺼우면서 모발을 지탱하며 색을 결정하는 모피질(콜텍스), 그리고 영양을 공급하는 모수질(메듀라)의 세 부분으로 구성되어 있습니다.

　가장 바깥쪽에 있는 각질 세포인 모표피는 모피질을 보호하고 수분 증발을 억제합니다. 따라서 염색이나 파마 등에 의해 모표피가 벗겨지면 머리카락이 손상될 수 있지요. 모발의 색을 결정하는 멜라닌 색소가 들어있는 모피질은 모발의 약 90 %를 차지하며 수분을 유지하는 역할을 합니다. 모수질은 모발을 지지하며, 가운데가 비어있는 죽은 세포로 구성됩니다.

곱슬머리와 직모는 어떤 차이가?

　모발의 형태는 인종, 즉 기후 조건에 따라서 곱슬거리는 정도가 다른 곱슬형(흑인), 곧은형(황인), 물결형(백인)의 세 종류가 있습니다. 열대 지방 흑인들의 곱슬머리는 스펀지처럼 열을 차단하고, 바람을 잘 통과시켜 땀을 쉽게 증발시켜 머리를 효과적으로 식힐 수 있다고 하지요. 그러나 이러한 논리에 의하면 곱슬머리는 추운 지방에서도 추위를 막을 수 있기 때문에 단순히 기후 조건만으로는 머리카락의 형태를 설명하기는 어렵습니다.

머리카락의 단면(500배)과 세로와 가로의 비율

그렇다면 곱슬머리와 직모는 구조적으로 어떤 차이가 있을까요? 머리카락의 단면을 비교할 때 지름이 큰 것과 작은 것의 비율이 클수록, 즉 머리카락이 납작할수록 더 곱슬머리가 됩니다. 따라서 직모가 많은 동양인의 머리카락은 단면이 원형에 가까우며, 서양인은 타원형인 경우가 많지요. 흑인은 타원인 정도가 더 크며, 심지어는 리본 모양의 극단적인 곱슬머리도 있습니다. 또는 단면의 모양 때문이 아니라 모낭* 자체가 휘어져서 곱슬머리인 경우도 있습니다.

그런데 왜 머리카락이 납작할수록 곱슬머리가 될까요? 그것은 종이 한 장을 반듯이 세우면 쓰러지지만, 동그랗게 말면 쉽게 세울 수 있는 것과 같은 원리입니다.

머리카락으로 범인을 잡는다?

범죄 현상에서 채취한 머리카락의 유전자 감식은 범인을 잡는 매우 중요한 단서입니다. 유전자 감식이란 세포 속에 들어있는 DNA**를 추출하여 비교하는 것이지요. 왜냐하면 사람마다 얼굴과 지문이 다르듯이 DNA의 염기 서열이 다르기 때문입니다.

그러나 머리카락 자체는 단순한 단백질이기 때문에 큰 차이가 없습니다. 따라서 머리카락 끝의 모근 세포에 있는 DNA를 추출하여 신원을 확인하는 것입니다.

사람의 DNA는 대개 99 % 정도 서로 비슷합니다. 따라서 DNA 검사는 나머지 1 % 정도를 대상으로 검사하지만, DNA는 약 30억 개의 염기로 구성될 정도로 매우 크기 때문에 충분히 신원을 파악할 수 있는 것입니다.

파마머리의 원리는?

기원전 3,000년 경에 이집트인들은 진흙으로 파마를 했습니다. 파마는 영구적 곱슬머리라는 뜻을 가진 파마넌트 웨이브(permanent wave)의 줄임말이지요.

파마는 시스틴* 화합물로 구성된 케라틴 단백질의 S-S 결합을 끊었다가 다시 연결하는 산화·환원 반응**을 이용하는 것입니다.

파마의 과정을 살펴 볼까요?

- 파마약(환원제, 티오글리콜산암모늄 용액)으로 시스틴의 S-S 결합을 시스테인의 S-H 결합으로 환원시킨다.
- 환원된 머리카락을 플라스틱 봉으로 감는다.
- 중화제(산화제, 과산화수소)로 산화시키면 새로운 S-S

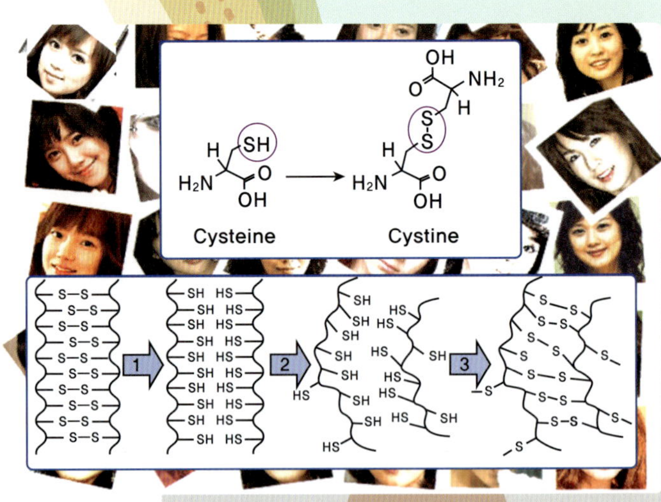

파마 과정에서 일어나는 화학적인 변화

결합에 의해 파마머리가 형성된다.

즉, 파마란 환원 반응으로 S-S 결합을 끊어서 플라스틱 봉으로 파마 형태를 만든 다음, 산화 반응에 의해 새로운 S-S 결합으로 머리카락의 형태를 고정시키는 것이지요. 즉, 머리에서 산화·환원이라는 화학반응이 진행되고 있는 것입니다.

그런데 파마는 약 한 시간 정도로 다소 시간이 오래 걸리는 불편함이 있습니다. 따라서 화학자들의 목표는 짧은 시간 내에 화학반응이 완결되는 파마약과 중화제를 개발하거나, 혹은 샴푸와 린스가 하나로 되어있는 제품처럼 파마약과 중화제가 일체형인 파마약을 개발하는 것입니다.

이것은 무엇일까요?

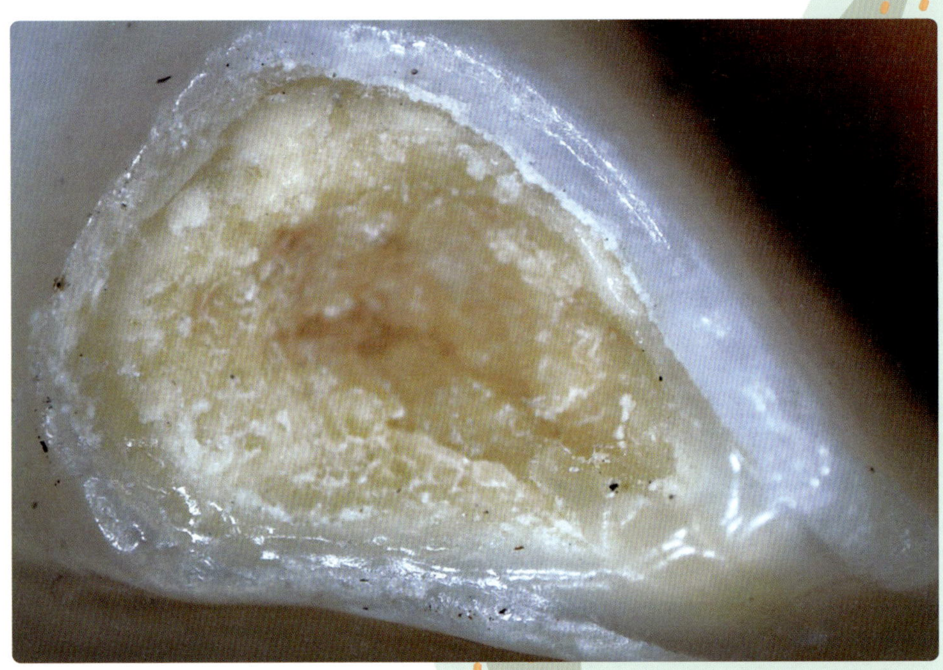

(50배)

　마치 벌레 먹은 과일이나 우물을 파고 있은 것처럼 보이지 않나요? 거울을 들고, 입 안 구석구석 잘 살펴 보면 혹 이런 것이 있을지도 모릅니다. 그러나, 이렇게 상태가 심각하게 되면 참을 수 없는 고통이 따르지요. 그렇다면 이것은 무엇일까요?

　'사서삼경˙'의 하나인 《서경》에 의하면 인생에서 바람직한 다섯 가지 복은 첫째, 장수하는 것(수), 둘째, 물질이 풍요한 것(부), 셋째, 몸이 건강하고 마음이 편안한 것(강령), 넷째, 선행으로 덕을 쌓는 것(유호덕), 다섯째, 천수를 누리고 편히 죽는 것(고종명)이라고 합니다.

　마음이 편하려면 무엇보다도 몸이 건강해야 하지요. 따라서 이것이 건강한 것은 직접적인 오복에 속하지는 않지만 몸이 강령한 것에 해당하는 것입니다. 역사 드라마에서 먼 곳으로 귀양을 떠나는 신하가 임금님이 계신 곳을 향해 "부디 강령하십시오."라며 큰 절을 하고 떠나는 장면을 본 적이 있지요? 그리고 경복궁 안에 있는 임금님의 침전으로 사용되던 목조 건물의 명칭도 강령전입니다.

　최근에는 초콜릿이나 과자와 같은 단 음식이나 탄산음료˙˙를 좋아하고 양치질을 잘 하지 않는 어린이들이 이것 때문에 치과에 많이 가지요?

11. 치카치카 이를 닦자

충치

몸이 강령하려면 가장 중요한 것 중의 하나가 건강한 치아입니다. 특히 유치는 영구치에 비해 치질이 약하기 때문에 나쁜 식생활 습관이나 양치질을 소홀히 하면 충치가 쉽게 발생합니다. 유치는 대개 생후 6~36개월까지 났다가 6~12세 사이에 영구치로 교환되지만, 영구치의 발육에 큰 영향을 미치지요. 따라서 철저한 양치질과 같은 사전 예방과 충치의 조기 치료가 중요한 것입니다.

매우 단단한 물질로 된 치아의 모스굳기는 6~7로 음식물을 잘게 부수어 소화가 잘되도록 도와줍니다. 그러나 아무리 단단한 치아라도 관리를 소홀히 하면 차츰차츰 썩게 되지요.

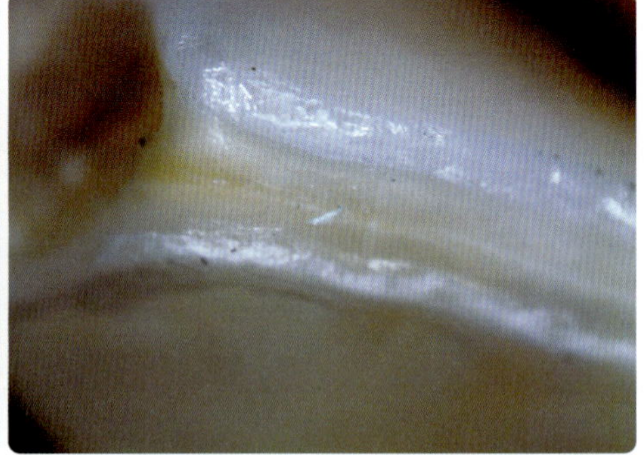

정상 치아와 썩고 있는 치아(30배)

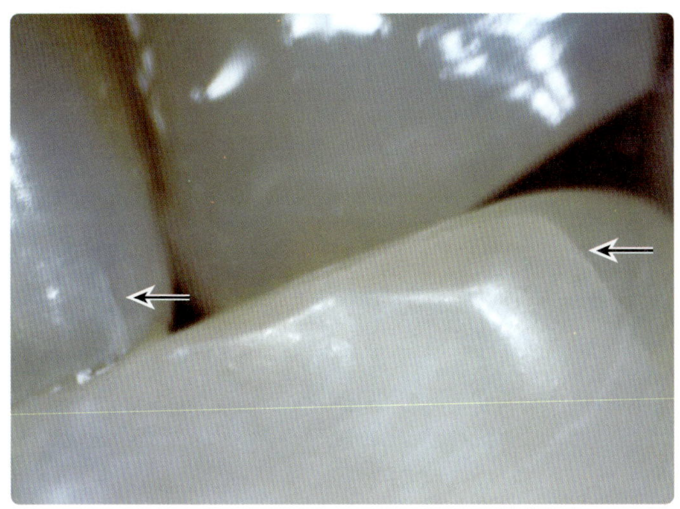

치아의 금이 간 부분(30배)

충치는 전문 용어로 우치 혹은 우식증이라고 합니다. 충치는 어떻게 생길까요? 먼저 입 안에 남아있는 음식물 찌꺼기가 세균 등에 의해 부패되면서 산성 물질이 발생합니다. 그리고 이것에 의해 치아의 석회 성분이 녹거나 파괴되면서 충치를 앓게 되지요. 마치 산성비에 의해서 문화재가 손상되는 것과 같습니다.

사과를 먹고 난 후 치아가 텁텁한 것은 사과산*에 의해 치아의 칼슘 성분이 손상을 받기 때문입니다. 커피의 색소나 담배의 니코틴과 같은 물질도 치아에 착색될 수 있기 때문에 반드시 양치질을 하거나 물로 깨끗하게 헹구어야 하지요. 그리고 뼈나 꽃게처럼 단단한 것을 씹을 때에는 치아가 손상될 수 있기 때문에 주의해야 합니다. 치아에 금이 간 것이 보이지요?

치아의 구조는?

치아는 크게 법랑질, 상아질, 치수강의 세 부분으로 이루

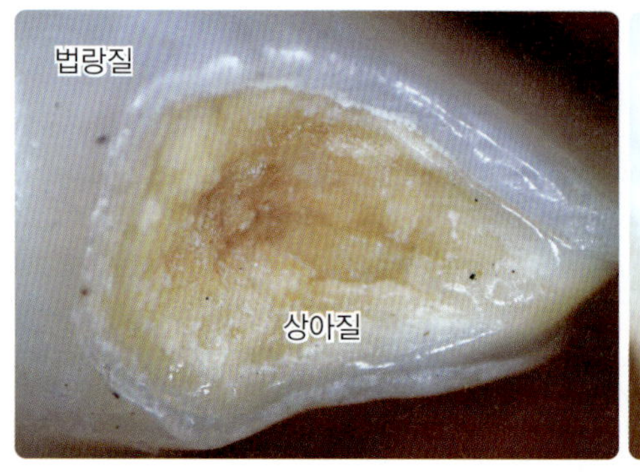

법랑질과 상아질 그리고 치수강(30배)

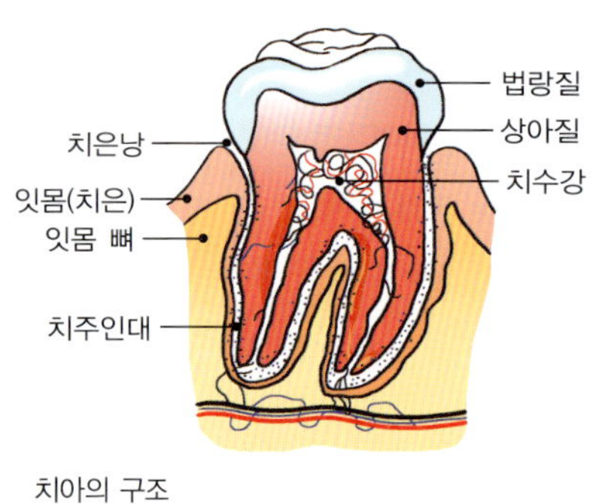

치아의 구조

어져 있어요. 치아의 제일 바깥쪽인 법랑질은 표면이 매끈하며 사람의 몸에서 가장 단단하기 때문에 외부의 자극으로부터 치아를 보호합니다. 치아의 몸체를 이루는 상아질은 무른 곳으로 감각을 느낄 수 있지요. 제일 안쪽의 치수강은 치아 가운데의 빈 공간으로 신경과 핏줄로 채워진 매우 예민한 곳입니다.

상아질이 썩고 있는 치아(200배)

치아가 썩으면 왜 아플까요?

건강했던 치아는 바깥쪽의 법랑질로부터, 상아질, 신경 조직의 순서로 차례대로 썩어서 충치가 됩니다.

따라서 법랑질이 썩기 시작하면 바로 치료를 받기 시작해야 합니다. 상아질까지 썩게 되면 차갑고 뜨거운 것에 대해 자극을 느끼게 되지요. 신경 조직까지 썩으면 심한 통증이 따르기 때문에 신경 치료와 함께 인공 치관*을 씌워야 합니다.

마지막으로 치료가 더 이상 불가능한 단계에서는 치아를 뽑은 후, 잇몸이 아물면 인공치아를 이식해야 합니다.

충치를 예방하려면?

입 안은 따뜻하고 항상 물기가 있어서 박테리아들이 살기에 좋은 환경입니다. 따라서 치아의 손상을 완전히 막을 수는 없습니다. 또한 설탕처럼 단 것을 섭취하지 않더라도 침에 의해 입 안에 남아있던 음식 찌꺼기가 당분으로 분해

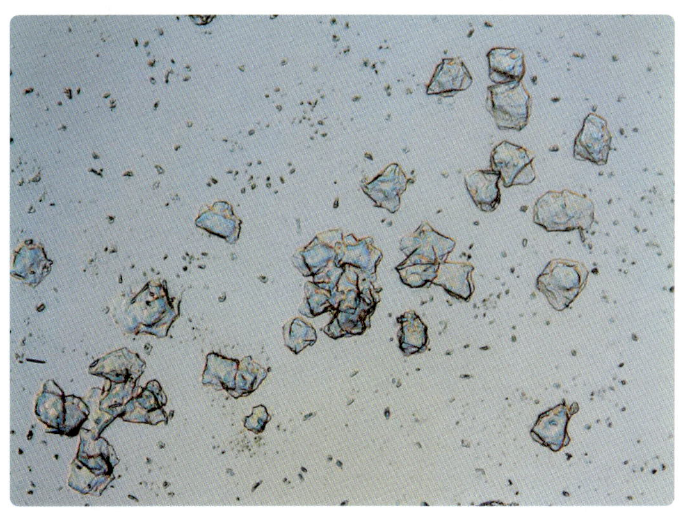

구강 상피세포(500배)

되기 때문에 박테리아가 서식하기에 충분한 먹이가 있지요. 그렇지만 치아를 철저히 관리하면 치아의 손상을 줄일 수 있습니다.

충치를 예방하려면 무엇보다도 치약과 칫솔로 치아를 구석구석까지 철저히 잘 닦아야 합니다. 그리고 닦이지 않는 부분은 치실 등으로 찌꺼기를 제거해야 하지요. 충치의 원인은 여러 가지가 복합적으로 작용하지만 가장 중요한 원인은 점액소나 탈락된 구강 상피세포•, 세균 등으로 이루어진 치태입니다.

치태와 치석이란?

치태 혹은 프라그란 치아와 구강 내에 있는 세균 덩어리로서 치아에 잘 달라 붙지만 간단한 양치질로도 제거할 수 있지요. 세균들 중에서 가장 유력한 충치의 원인인 연쇄상구균은 당질을 분해하며 끈적거리는 물질인 텍스트린을 지속적으로 분비합니다.

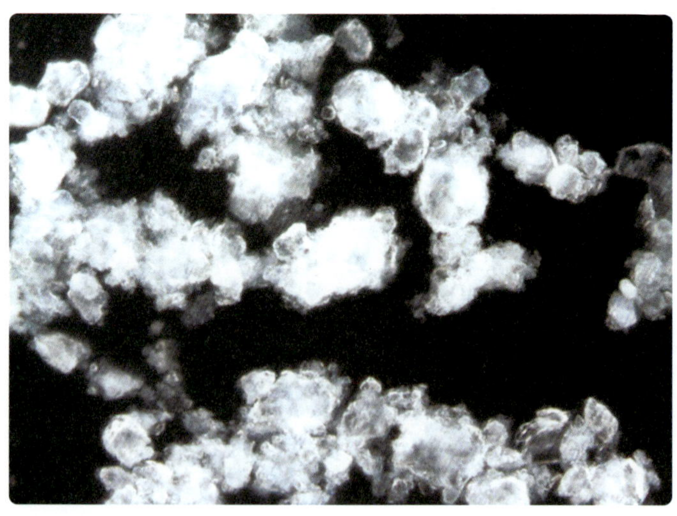

잘게 부순 치석(500배)

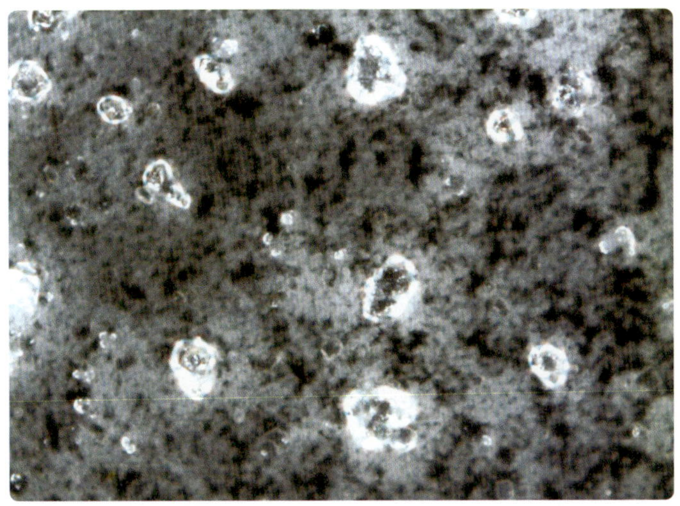

치약에 포함된 연마제(500배)

치석이란 치태 등이 단단하게 굳으면서 치아 표면에 퇴적된 물질입니다. 치석은 잇몸 질환의 직접적인 원인은 아니지만, 치석의 거친 표면에 부착되는 치태 등이 충치의 원인이 됩니다. 치석은 양치질 만으로는 제거되지 않기 때문에 스케일링*으로 제거해야 합니다.

치태와 같은 오염물을 제거하는 치약의 주성분은 연마제와 치약이 굳는 것을 막는 습윤제, 그리고 충치를 예방하기 위한 일불소인산나트륨 등이 첨가되어 있습니다.

소량의 치약을 물에 풀어서 보면 유리 조각과 같은 연마제가 보이지요. 연마제는 굳기가 3 이하인 1~20 μm크기의 이산화규소(SiO_2), 탄산수소나트륨($NaHCO_3$) 혹은 탄산칼슘($CaCO_3$) 등을 사용합니다. 치약에 함유된 연마제의 역할은 십원짜리 동전에 치약을 묻히고 문질러 보면 금방 확인할 수 있

연마제로 닦기 전과 후의 동전

어요. 어때요? 깨끗하지요?

습윤제로는 상쾌한 맛을 내는 글리세린, 솔비톨, 프로필렌글리콜 등의 다가 알코올 등을 사용하고 있습니다.

젤리와 같은 투명 치약은 연마제와 주위 물질들의 굴절률을 비슷하게 만든 것입니다. 예를 들어 굴절률이 1.47인 파이렉스 유리와 굴절률이 1.5인 일반 유리를 글리세린에 담그면, 파이렉스 유리는 글리세린의 굴절률(1.475)과 비슷하기 때문에 보이지 않고 일반 유리만 보이는 것과 같은 원리입니다.

투명 치약의 구조와 연마제(500배)

위 사진에서 투명 치약과 흰색 치약이 줄무늬로 된 것은 특별한 기능이 있는 것이 아니라 양치질에 관심을 끌기 위한 것입니다. 초기에는 투명 치약과 흰색 치약을 두 개의 튜브에 따로 채웠지만, 지금은 하나의 튜브에 여러 개의 노즐을 이용해서 따로 채워서 만듭니다.

칫솔은 어떤 종류가 있나요?

칫솔은 치약을 묻혀서 치아를 닦는 도구입니다. 양치질할 때 칫솔모와 잇몸의 마찰에 의해 혈액 순환이 촉진되며, 치아나 잇몸 질환을 막을 수 있기 때문에 칫솔모는 부드러운 것보다 약간 뻣뻣한 것이 좋습니다. 칫솔모는 주로 나일론이나 실리콘 소재를 이용하여 만듭니다.

이중 미세모 칫솔은 지름이 매우 가늘고 부드러운 상층모와 끝이 둥근 일반모를 하나로 합쳐서 만든 칫솔입니다. 가느다란 상층모는 치아 틈새의 치태나 음식물 찌꺼기를 부드럽게 닦아내고, 끝이 둥근 일반모는 치아의 면을 청결케 하는 역할을 하지요.

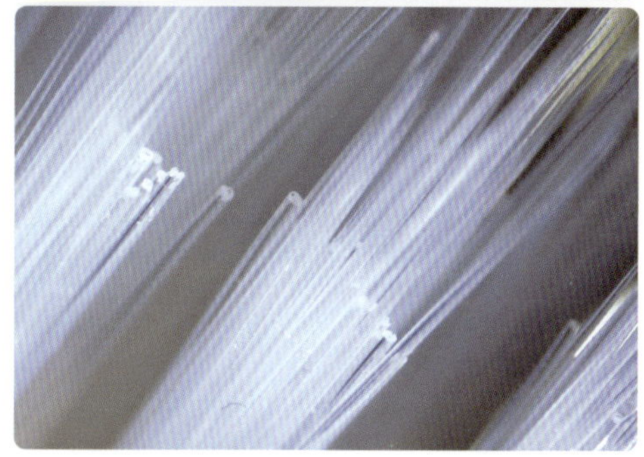

이중 미세모 칫솔의 칫솔모(30배)

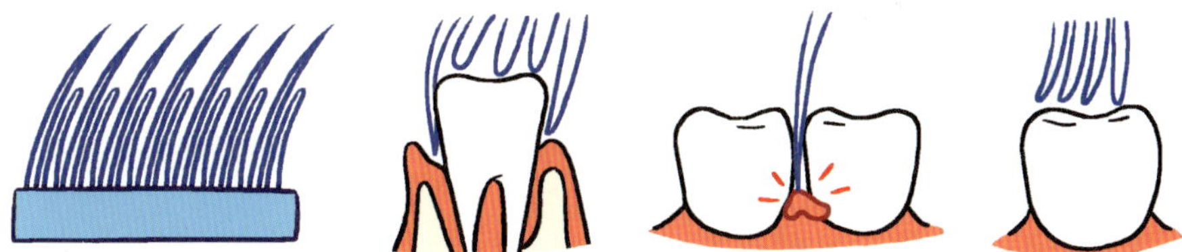

이중 미세모 칫솔의 작용

전기의 힘으로 칫솔모를 움직여 치아를 닦는 전동 칫솔은 처음에는 장애인이나 어린이들을 위하여 개발되었습니다. 그렇지만 진동에 의해 잇몸을 튼튼하게 하기 때문에 지금은 어른들도 많이 사용하고 있으며 작동방법에 따라 회전식과 음파식이 있습니다.

전동 칫솔의 칫솔모(30배)

　회전식은 내부에 내장된 모터로 칫솔모를 초고속으로 왕복 및 회전, 그리고 진동 운동을 하면서 치아를 닦습니다. 이러한 회전식은 스케일링 효과가 있지만 잇몸을 상하게 할 수 있어요.
　음파식은 칫솔모가 위아래로 움직일 때 발생하는 음파에 의해 칫솔이 잘 닿지 않는 곳의 찌꺼기와 치태를 제거합니다. 음파식은 칫솔모가 가늘고 부드럽게 움직이기 때문에 잇몸이 약한 사람들이 많이 사용합니다.

양치질 후 과일이 쓴 이유는?

맛을 느끼는 혀의 미뢰는 평소에는 약간의 이물질이나 침 성분에 의해 둘러 싸여 있습니다. 그러나 양치질을 할 때, 치약의 연마제에 의해 이것들이 씻겨 나가기 때문에 혀가 자극에 민감하게 되는 것입니다.

또한 치약의 알칼리성의 비누 성분과 사과나 귤에 포함된 산성 물질과 반응하여 생기는 쓴 맛이 나는 성분 때문에, 그 맛이 더 쓰게 느껴지는 것이지요.

최근에는 자일리톨을 충치예방에 많이 사용하고 있습니다. 자일리톨은 설탕과 비슷한 천연 당이지만 충치균들은 자일리톨을 분해할 수 없기 때문에 자일리톨을 먹은 충치균들은 굶어 죽게 됩니다. 처음에는 당뇨병 환자를 위하여 개발되었으나 지금은 다이어트를 위한 설탕 대용으로도 많이 사용하고 있습니다.

Quiz

이것은 무엇일까요?

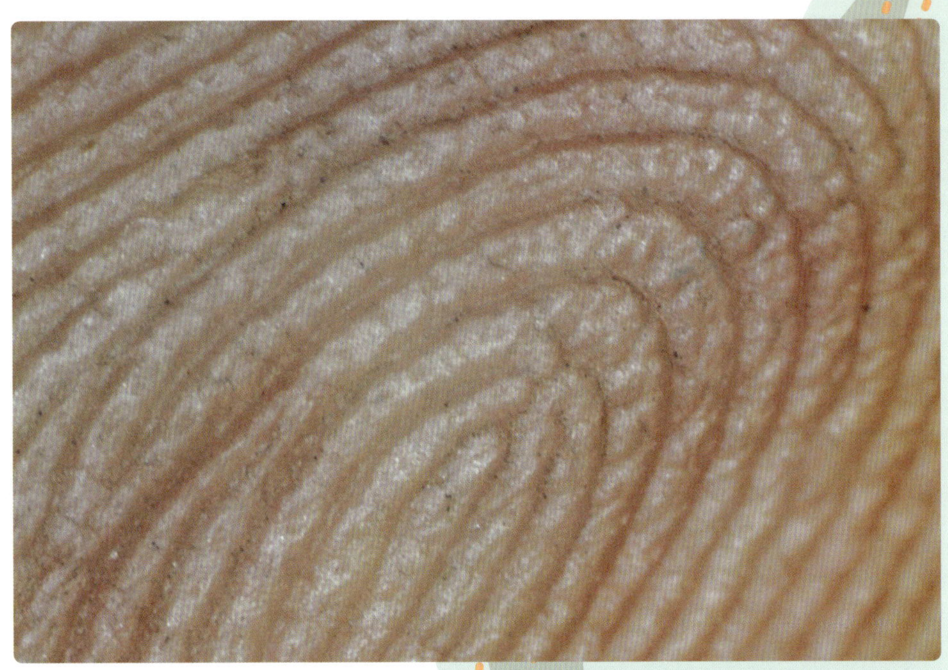

(30배)

　피부에 가는 선이 돋아서 밭고랑처럼 생긴 이것은 피부 융선으로서 손바닥에는 장문 그리고 발바닥에는 족문이 있지요. 이것은 사람을 포함한 영장류에게서만 나타나며, 잡으려는 물건과 손 사이의 마찰력에 의해 물건을 잘 잡을 수 있게 합니다. 그렇다면 손가락의 끝에 있는 피부융선은 무엇이라고 부를까요? 너무 쉬운가요?

　장문과는 달리 손금은 손바닥의 굴곡 운동에 의해서 피부에 생긴 주름입니다. 기본적으로 생명선, 감정선, 지능선 혹은 두뇌선이라는 세 개의 큰 주름이 있지요. 사람마다 주름의 형태가 다르기 때문에 수상학에서는 이것을 개인의 운명과 연결시켜서 설명하고 있습니다.

　최근에는 손금이 유전적인 것과 관련이 있다는 사실이 알려지고 있습니다. 예를 들어 다운증후군(Down's syndrome)에 걸린 사람은 지능선과 감정선이 한 줄로 이어져 있습니다. 이외에도 여러 질병과 깊은 관계가 있기 때문에 인류 유전학에서 중요시되고 있지요.

　사람은 손으로 도구를 사용하거나 글씨를 쓸 수 있기 때문에, 손금이 뚜렷합니다. 원숭이도 손을 사용하지만 엄지손가락을 마음대로 쓸 수 없기 때문에 사람처럼 뚜렷하지는 않아요. 마찬가지로 발도 손처럼 자유롭게 움직일 수 없기 때문에 발금은 손금보다 훨씬 희미합니다. 이러한 손금은 평생동안 변하지 않기 때문에 개인 식별에 이용하고 있습니다.

12. 손을 깨끗이 씻자

지문을 찍어본 적이 있나요? 예전에는 도장이 없을 때 도장 대신에 지문을 찍기도 했었지요. 우리나라 모든 사람은 만 17세가 되면 주민등록증을 발급받게 되며, 열 손가락의 지문을 날인하도록 되어 있습니다. 이러한 지문은 전자 여권과 디지털 도어록 등 첨단 과학이 접목돼 다양한 방면에서 활용되고 있지요. 특히 지문은 많은 범죄 수사를 해결하는 데 큰 힘을 발휘하고 있습니다.

그렇다면 지문의 형태에는 어떠한 것들이 있을까요?

지문과 생체 인식

지문은 그 형태에 따라서 활 모양의 궁상문(5 %), 말굽 모양의 제상문(62 %), 소용돌이 모양의 와상문(33 %)으로 분류합니다. 이러한 지문은 사람마다 다르기 때문에 지문 인식(finger scan)은 사람을 구분하는 생체 인식의 가장 기본적인 방법이지요. 여러분의 지문은 어떤가요?

지문 외에 다른 사람들과 구별되는 신체적 특징은 어떤 것이 있을까요? 눈동자의 홍채, 손등의 정맥 혈관, 음성의 지문인 성문, DNA 등도 사람마다 다르며 이것들은 생체 인식에 사용할 수 있습니다.

홍채 인식(iris scan)은 눈동자의 홍채에 있는 무늬의 패

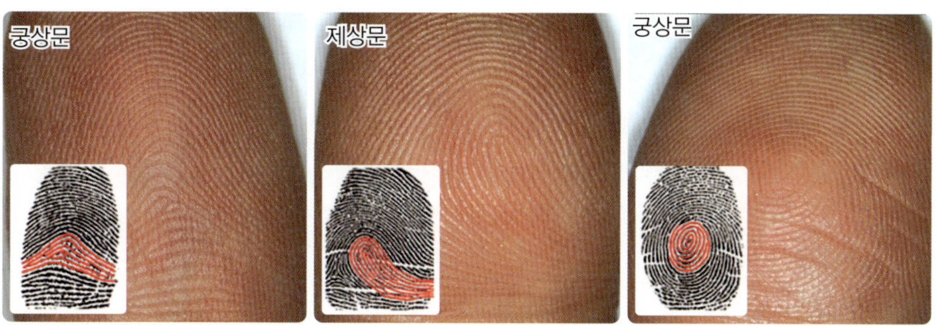

지문의 형태

턴이 사람마다 다른 것을 이용하는 방법입니다. 즉, 홍채의 무늬를 적외선으로 인식하고, 이것을 미리 저장한 데이터 베이스와 대조하여 식별하는 것이지요. 이러한 홍채 인식 은 지문 인식보다 훨씬 더 정확합니다. 또한 컴퓨터 보안을 위한 홍채 인식 마우스도 개발되어 있습니다.

그런데 동양인들의 눈동자는 갈색인데, 서양인들은 왜 파란색일까요? 그것은 홍채에 있는 멜라닌 색소의 양이 다 르기 때문입니다. 멜라닌의 양이 많으면 검은색이나 갈색 이, 적으면 파란색이나 초록색을 띠지요. 또한 흰 토끼는

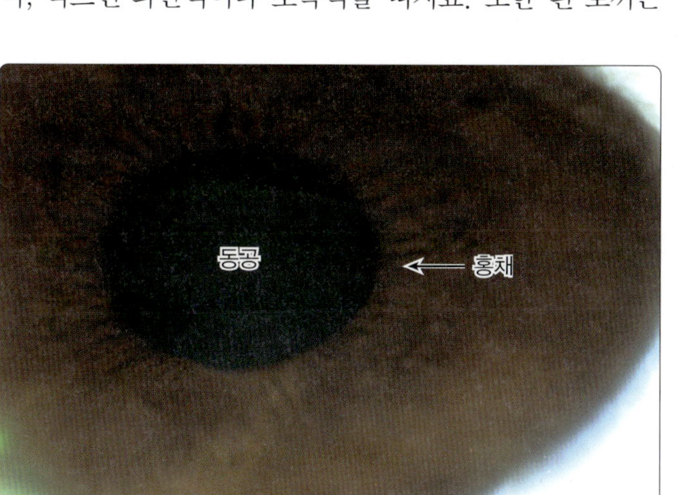

눈의 동공과 홍채(50배)

멜라닌 색소가 없기 때문에 눈동자의 혈관이 그대로 비쳐서 빨간색으로 보이는 것입니다.

정맥 인식(vein recognition)은 손등이나 손목 혈관의 형태를 적외선으로 투시하여 개인을 식별하는 방법입니다.

그러나 생체 인식은 대부분 본인의 동의를 받지 않은 채로 이루어지기 때문에 인권 침해에 대한 논란이 많습니다. 현재 보안이 필요한 여러 기관에서는 직원과 상시 출입 인원을 대상으로 다양한 생체 인식 출입 통제 보안 시스템을 사용하고 있습니다.

지문에 또 다른 것이…

'1830 손씻기 운동'을 아시나요? 이것은 하루에 8차례 30초 이상 손을 씻자는 운동입니다. 매일 환자들을 치료하는 의사들은 오히려 전염병에 잘 걸리지 않습니다. 왜 그럴까요? 그것은 손을 깨끗하게 씻는 등 위생 관리가 철저하기 때문입니다. 이처럼 손씻기는 신종 플루와 같은 전염병 예방의 첫걸음인 것이지요.

1830 손씻기 운동 홍보 스티커

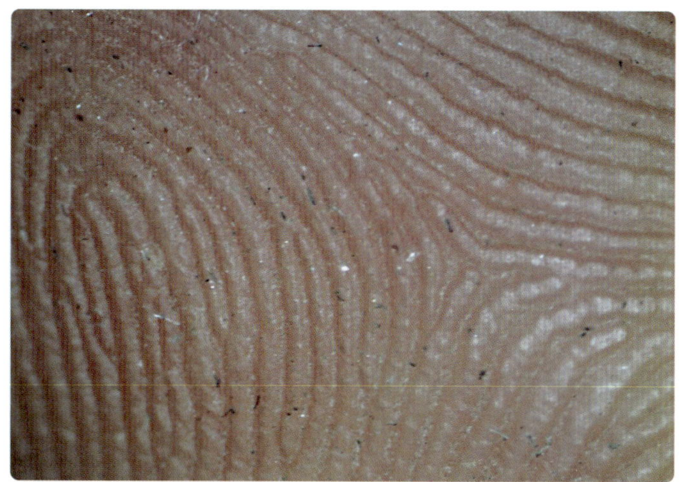

운동을 하고 난 후의 지문(50배)

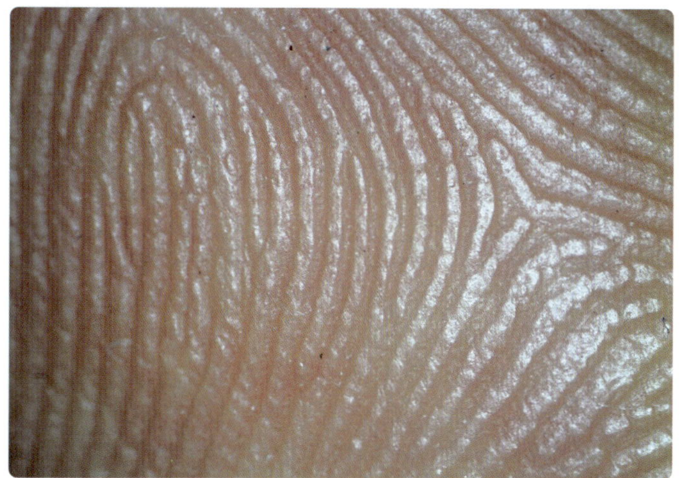

비누로 손을 씻고 난 후의 지문(50배)

세균들은 주로 손가락과 손톱 주위에서 서식하기 때문에 손 만 청결하게 유지해도 많은 전염병들을 예방할 수 있습니다. 확인해 볼까요? 운동을 하고 난 다음에 손가락에는 눈으로는 잘 보이지 않는 먼지와 같은 오염물질들이 묻어 있는 것이 보이지요?

그러나 비누로 손을 씻은 후에는 깨끗한 것을 알 수 있습니다. 어떤가요? 이처럼 손씻기는 하루에 여덟 차례 이상 아무리 강조해도 지나치지 않는 것입니다.

따라서 운동 후, 화장실에서, 식사 전에, 집으로 돌아온 후, 잠자기 전… 기회가 있을 때마다 항상 손을 씻어야 합니다. 물로만 씻으면 세균들이 남아 있을 수 있기 때문에 비누나 전용 세정제를 사용하면 더 좋아요. 또한 전염병 예방뿐만 아니라 피부 관리를 위해서도 손은 청결해야 하는 것입니다.

손톱 사이는 어떤가요?

피부의 각질층이 변한 손톱에는 갈고리 손톱(고양이, 개, 조류, 파충류), 손가락 맨 끝을 에워싼 것 같이 넓은 손톱인 발굽(말, 소, 코끼리 등), 편평하게 손가락 끝 뒤쪽에 퍼져 있는 평손톱(사람과 원숭이류)의 세 종류가 있어요. 이러한 손톱 사이에도 역시 먼지들이 많지요?

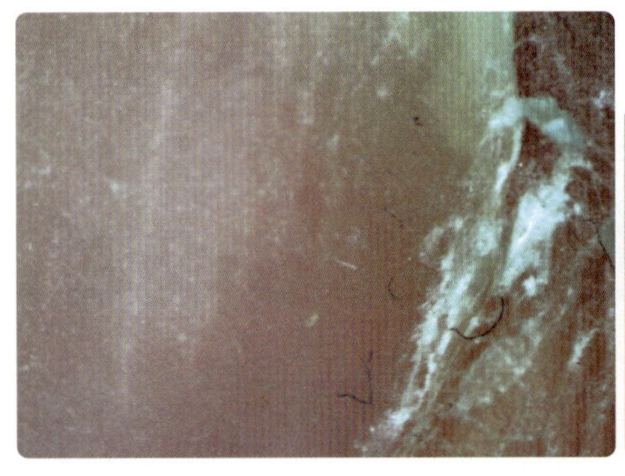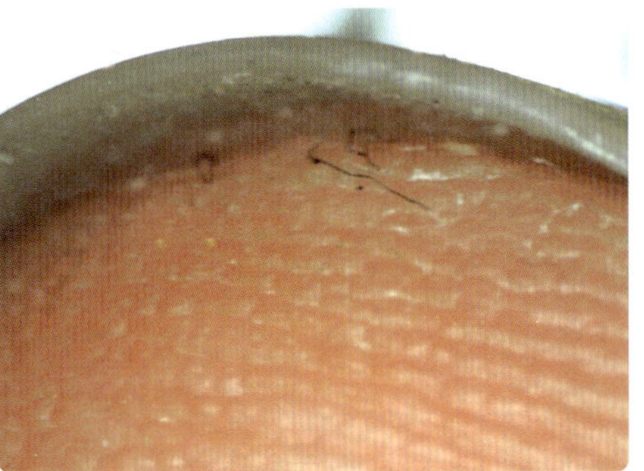

손톱 위와 아래(30배)

비누와 합성 세제

　18세기 초 비누가 발명될 당시 유럽인들의 평균 수명은 22세에 불과했습니다. 그 이유는 열악한 위생 환경으로 인해서 유아 사망률이 높았기 때문이에요. 이런 상황에서 비누는 출산 시 유아와 산모가 세균에 감염되는 것을 획기적으로 개선시켰습니다. 이것은 18세기 이후 인구 증가를 가능케 하였으며, 결국 비누는 영국의 산업 혁명*의 원동력이 되었던 것입니다.

　1차 세계대전 당시 독일은 유지를 다이너마이트 제조에 사용했기 때문에 비누의 원료가 부족했지요. 이에 비누의 대용품으로 석탄을 원료로 한 부틸나프탈렌설폰산나트륨이라는 합성 세제를 만들어 사용했습니다. 그러나 세척력이 좋지 않았기 때문에 전쟁 후에는 다시 비누를 사용했지요.

　2차 세계대전이 발발하자 독일은 이전의 연구를 기반으로 대용 비누를, 미국은 새로운 합성 세제인 ABS**를 만들었습니다. 비록 합성 세제가 환경 오염과 같은 부정적인 영향도 있지만, 인류의 건강과 복지에 크게 기여했습니다. 지금도 우리의 위생 및 청결을 유지하는 데 필수불가결한 것이지요.

* 산업 혁명
기계의 등장으로 산업 기반이 수공업에서 기계 설비에 의한 큰 공장으로 전환된 일대 변혁

** ABS
알킬벤젠설폰산나트륨

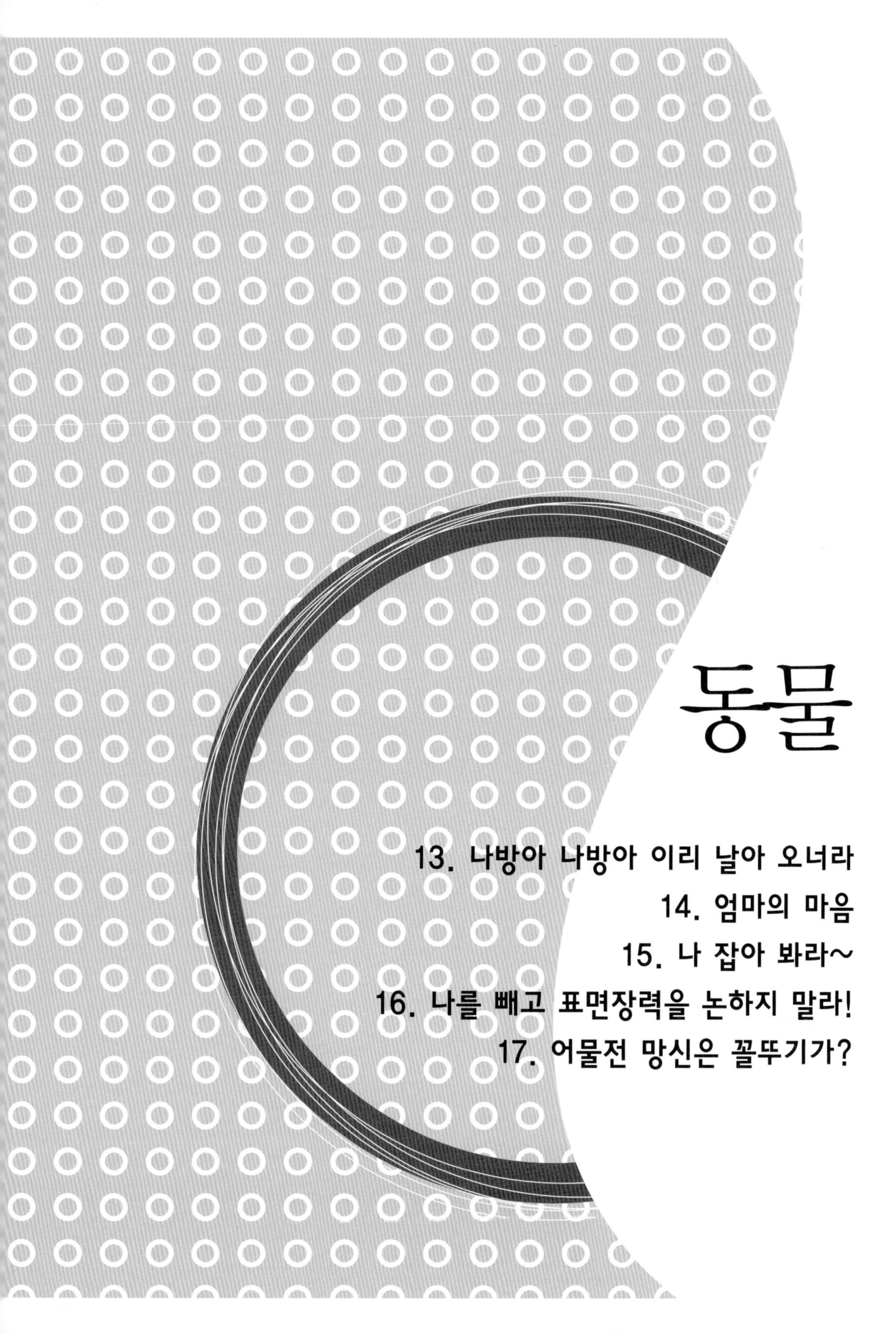

13. 나방아 나방아 이리 날아 오너라

14. 엄마의 마음

15. 나 잡아 봐라~

16. 나를 빼고 표면장력을 논하지 말라!

17. 어물전 망신은 꼴뚜기가?

이것은 무엇일까요?

(50배)

칠흙처럼 어두운 한여름 밤을 환하게 밝혀주는 가로등 주위에는 하루살이*를 비롯한 수많은 곤충들이 쉴새없이 날아 다니지요. 이 사진은 하루살이와 함께 흔히 발견되는 곤충의 날개입니다. 아름답지 않나요?

이것의 애벌레는 주로 식물에 의존하기 때문에 벼, 옥수수, 콩, 무, 채소, 사과에 해를 끼치는 해충이지요. 어른벌레도 과수나 정원수에 피해를 주지만, 극히 일부는 견사와 같은 실을 우리에게 제공하는 유익충이기도 합니다.

이것을 손으로 만지면 미세한 가루가 많이 묻어 나는데, 이 곤충의 정체를 알게 되면 대부분은 징그럽다고 피하지요. 이들 중 일부는 독침모를 갖고 있으며 가루가 눈에 들어가면 해롭기도 합니다.

그러나 이 곤충의 날개를 관찰하는 순간 그 신비한 아름다움에 짜릿한 전율을 온 몸으로 느낄 수 있답니다. 그렇다면 이것은 무엇일까요?

13. 나방아 나방아
이리 날아 오너라

인분

'나비야 나비야 이리 날아 오너라. 노랑나비 흰나비 춤을 추며 오너라 봄바람에 꽃잎도 방긋방긋 웃으며 참새도 쨱 쨱쨱 노래하며 춤춘다.' 화창한 봄날! 들판이나 꽃밭에서 즐겨 부르는 동요입니다. 만약에 이 동요에서 나비를 나방 으로 바꿔서 부른다면 어떨까요? '나방아 나방아~' 이상 한가요?

나비는 누구나 좋아 하지만 나방은 징그럽다고 피하게 됩니다. 왜 그럴까요? 나방이 뚱뚱해서 그런가요? 아니면 손에 먼지 같은 것이 묻어나서 그런가요? 그러나 나방의

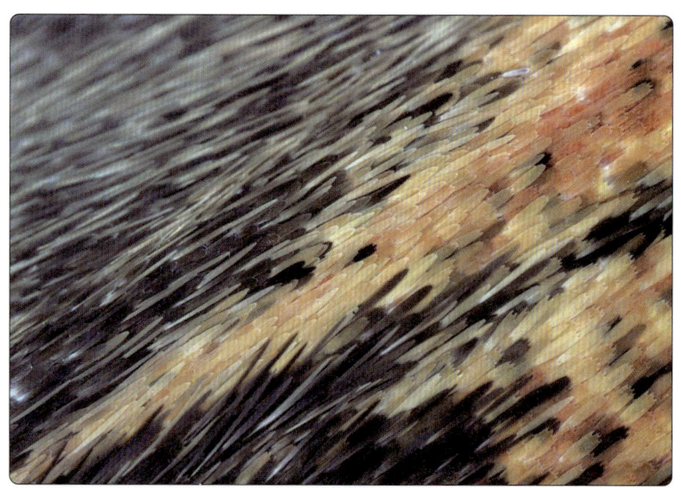

나방의 인분(50배)

날개는 나비와 거의 같은 모양을 하고 있습니다. 신기하지요? 나방의 날개가 이렇게 아름답다니!

나방, 그리고 인분…

나방은 손으로 만질 때 묻어나는 인분*(scale)이라는 비늘 모양의 가루가 온 몸에 덮여 있습니다. 인분은 기왓장처럼 질서정연하게 배열되어 있기 때문에 비를 맞더라도 빗물이 내부로 스며들지 않게 하는 방수 역할을 하고 있지요.

인분들은 축받이에 꽂혀 있으며, 털 모양으로 긴 것은 비늘 털** 혹은 인모라고 합니다. 나비도 몸 전체가 인분으로 덮여 있어요. 그렇다면 나방과 나비의 인분은 차이가 없나요? 인분 자체는 큰 차이가 없습니다. 다만 나방의 인분은

● 인분
인편 혹은 비늘 가루라고도 한다.

●● 비늘 털

나방의 축받이와 인분(500배)

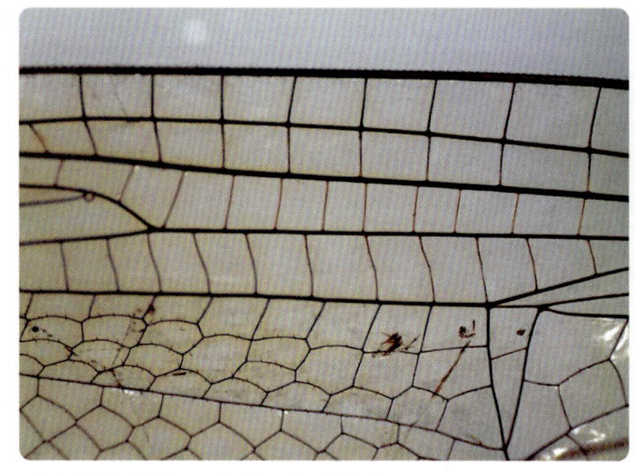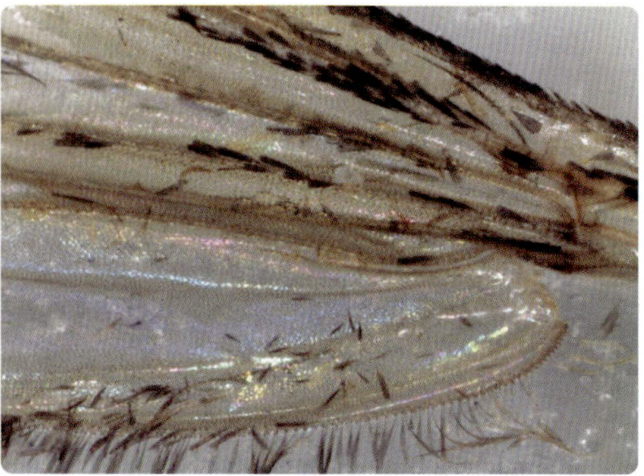

잠자리(30배)와 모기(200배)의 날개

축받이에 비교적 약하게 꽂혀 있어서 쉽게 빠지지만 나비의 인분은 잘 빠지지 않습니다. 나방과는 달리 잠자리나 파리, 모기와 같은 곤충의 날개는 투명합니다.

인분의 가운데 부분은 사각형 모양이며, 끝 부분은 날카롭게 갈라지거나 뾰족한 모양으로 되어 있습니다. 이것은 공기의 저항을 감소시켜 나방이 잘 날아다닐 수 있도록 설계되어 있는 것입니다.

나비의 인분(200배)

모기의 몸통(200배)

　　인분은 원반 모양, 털 모양, 끝이 두 갈래, 세 갈래, 심지어는 일곱 갈래인 것 등 다양한 모양을 하고 있어요. 발생학*적으로는 식물의 표피 세포가 변하여 생긴 빳빳하고 끝이 뾰족한 털인 강모와 같습니다.

인분의 격자무늬에 나타난 무지개 빛(500배)

그렇다면 인분은 나비와 나방에만 있나요? 그렇지 않습니다. 좀, 바구미 등과 같은 딱정벌레, 모기와 같은 파리목의 곤충들도 인분으로 덮여 있답니다. 모기를 손바닥으로 잡으면 묻어나는 것이 있지요? 바로 모기의 인분입니다.

그런데 인분에서도 무지개 색깔을 볼 수 있습니다. 생물은 요산(흰색), 카로티노이드(노란색), 플라보노이드(빨간색 혹은 보라색), 멜라닌(갈색)과 같은 색소에 의해서 흡수되고 남은 빛이 반사되어 색깔을 띠게 되지요.

그러나 CD에서 설명했듯이 색깔은 색소뿐만 아니라, 회절격자에 의한 회절이나, 비누방울과 같은 얇은 막의 간섭에 의해서도 나타나지요. 마찬가지로 인분에 있는 격자무늬에 의해서도 무지개 색깔이 나타나는 것을 볼 수 있답니다. 아름답고 신기하지 않나요?

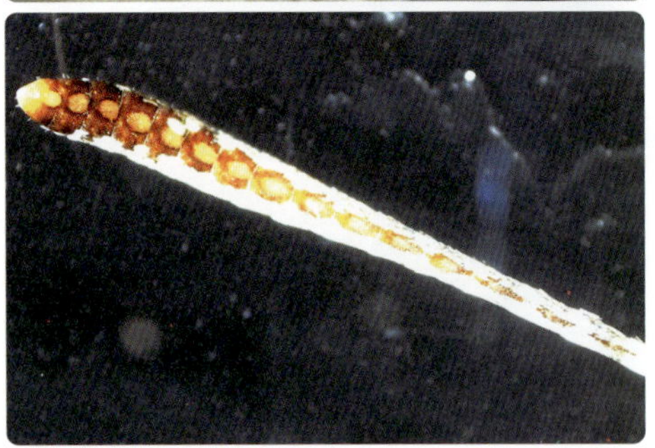

나방과 나비의 더듬이(200배)

나비와 나방의 차이는?

나비목에는 나비(butterfly)와 나방(moth)이 있는데, 나방이 90 %, 나비가 10 % 정도로 분포하고 있습니다. 그러면 이들은 어떻게 구분할까요?

나비는 날씬하고 가늘며, 날개를 접고 앉으며, 주로 낮에 날아 다닙니다. 반면에 나방은 뚱뚱하고 날개를 펴고 앉으며, 주로 밤에 활동을 하지요. 무엇보다도 생김새의 가장 큰 차이는 더듬이입니다. 나방은 빗살 모양이지만 나비는 곤봉 혹은 채찍 모양이지요.

그것은 하루살이들이 주광성을 갖고 있기 때문입니다. 주광성이란 생물이 빛에 반응하여 이동하는 성질인데, 하루살이처럼 빛을 향하여 움직이는 양주광성과 지렁이처럼 빛의 반대쪽으로 움직이는 음주광성이 있습니다. 곤충을 유인하는 유아등이나 물고기를 모으는 집어등은 이러한 생물의 양주광성을 이용한 도구인 것이지요.

이처럼 동물이 어떤 자극에 대하여 일정한 방향으로 이동하는 반응을 통틀어서 주성이라고 합니다. 그리고 자극 쪽으로 이동하면 양성 주성, 반대 쪽으로 이동하면 음성 주성이라고 하지요. 특히 자극의 원인이 빛이면 주광성, 중력이면 주지성, 화학 물질이면 주화성, 물이나 공기의 흐름이면 주류성, 접촉이면 주촉성 그리고 열이면 주열성이라고 합니다.

주성을 나타내는 대표적인 동물

	양성	음성
주광성	짚신벌레, 나방, 초파리, 유글레나	지렁이, 모기
주지성	지렁이, 조개	짚신벌레, 달팽이
주류성	송사리, 장구벌레	새

Quiz

이것은 무엇일까요?

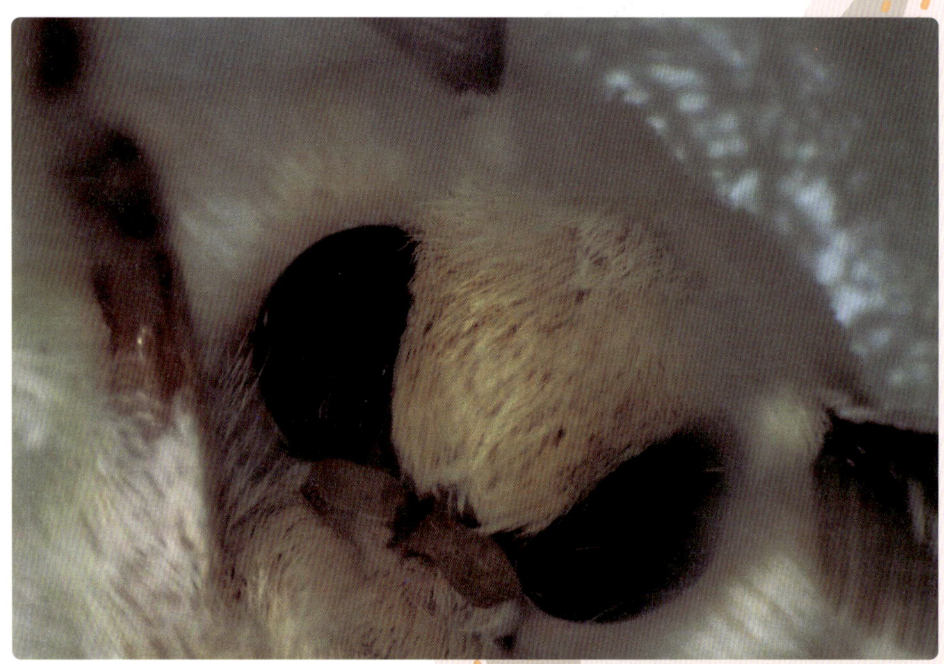

(30배)

앞 장에서 나비와 나방의 생김새 중에 가장 큰 차이는 더듬이인 것을 보았지요? 그런데 미인의 고운 눈썹을 의미하는 '아미'는 바로 나방의 더듬이를 가리키는 말입니다. 그렇다면 이 곤충은 나비일까요? 나방일까요?

이것의 고치에서 풀어낸 명주실로 짠 직물을 비단 또는 실크라고 합니다. 우리나라는 누에고치와 명주실을 생산하는 양잠에 관련된 기록이 고조선 시대부터 있을 정도로 오랜 역사를 가지고 있지요. 《삼국유사》의 '연오랑 세오녀' 편에는 세오녀가 짠 비단으로 하늘에 제사를 지내고 국보로 삼았다는 기록이 있으며, 신라 시대에는 비단의 원산지인 당나라에 비단을 수출할 정도로 품질이 뛰어났습니다.

누에를 한자로는 '蠶(잠)'이라 하는데 '하늘의 벌레(天虫)'라는 뜻을 가진 약어로 蚕을 사용하기도 합니다. 이는 누에가 우리에게 귀한 비단실을 준다는 의미에서 붙여진 이름이지요.

또한 중앙아시아를 횡단하는 고대의 동양과 서양의 교통로인 실크로드는, 이 길을 통해 중국의 특산품인 비단이 서양으로 운반되었기 때문에 붙여진 이름입니다.

14. 엄마의 마음

누에나방

　해충이란 농작물의 수확을 방해하는 등 사람에게 직·간접적으로 해를 끼치는 곤충을 말합니다. 예를 들어 나비와 나방이 여기에 속하지요. 가장 흔한 해충인 나방은 잎 전체를 먹는 자나방, 밤나방, 쐐기나방 등과 잎의 속을 해치는 굴나방 등이 대표적입니다.

　그러나 나방 중에는 인간에게 이로움을 주는 종류도 있습니다. 바로 누에나방이지요. 누에를 길러 본 적이 있나요? 누에, 뽕잎 그리고 사육상자 등이 갖춰진 '누에 기르기

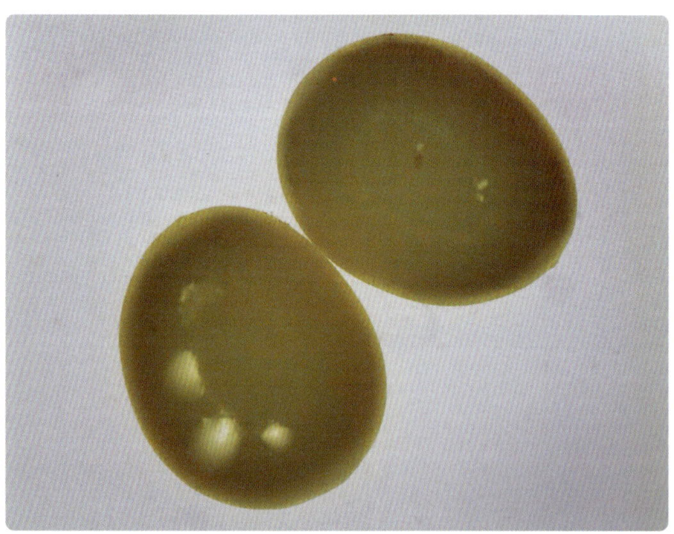

누에의 알(50배)

키트’를 이용하면 학교나 집에서도 누에의 한살이를 쉽게 관찰할 수 있습니다.

누에의 한살이는?

한살이란 동·식물이 자라면서 생김새가 변하는 과정을 말합니다. 곤충의 알에서 깨어난 애벌레는 낡은 피부를 벗고 새로운 피부를 갖는 허물벗기(탈피) 과정을 반복하면서 번데기가 됩니다. 그리고 어른벌레, 즉 성충이 되지요. 일부 애벌레는 저마다 독특한 이름이 있는데 매미는 굼벵이, 잠자리는 수채, 모기는 장구벌레, 파리는 구더기라고 합니다. 굼벵이나 구더기는 들어본 적이 있지요?

곤충이 어른벌레가 될 때까지 모습이나 습성이 바뀌는 탈바꿈(변태)에는 파리처럼 알 → 애벌레 → 번데기 → 어른벌레의 과정을 거치는 완전 탈바꿈*과, 잠자리처럼 번데기의 과정을 거치지 않고 애벌레에서 바로 어른벌레가 되는 불완전 탈바꿈이 있습니다.

> ● 완전 탈바꿈
> 완전 탈바꿈 곤충에는 딱정벌레, 나비, 벌 등이 있으며, 불완전 탈바꿈 곤충에는 메뚜기, 매미 등이 있다.

매미가 우화하고 남은 허물

누에와 번데기

누에나방은 완전 탈바꿈 곤충이며, 알로서 겨울을 나지요. 알 껍질을 갉아먹고 나온 어린 누에인 개미누에는 약 20~25일 동안 성장하면서 2령, 3령, 4령, 5령 누에가 됩니다. 5령 누에는 실샘에서 실을 토해내면서 이틀 동안 누에고치를 만드는데, 이때 사용된 실의 길이는 약 2 km입니다. 그리고 누에는 고치 속에서 번데기가 됩니다.

번데기가 된 후 2주 정도 지나면 누에나방은 입에서 분비되는 염기성* 용액으로 고치를 녹여서 구멍을 뚫고 밖으로 나옵니다. 이처럼 곤충류가 번데기 혹은 애벌레에서 어른벌레가 되는 것을 우화(emergence)라고 합니다.

암컷 나방은 몸 안에 많은 알이 있기 때문에, 보통 수컷보다 몸집이 크고 뚱뚱하지요. 암컷이 수컷을 유혹할 때는 꼬리 끝에 있는 유인 샘을 부풀려 페로몬**(pheromone)을 분비하는데 이 향기를 맡고 온 수컷과 짝짓기를 합니다.

짝짓기가 끝나면 암컷 누에나방은 약 500개 정도의 수정란을 낳은 후 1 주일 동안 아무것도 먹지 않은 채로 있다가 죽는답니다.

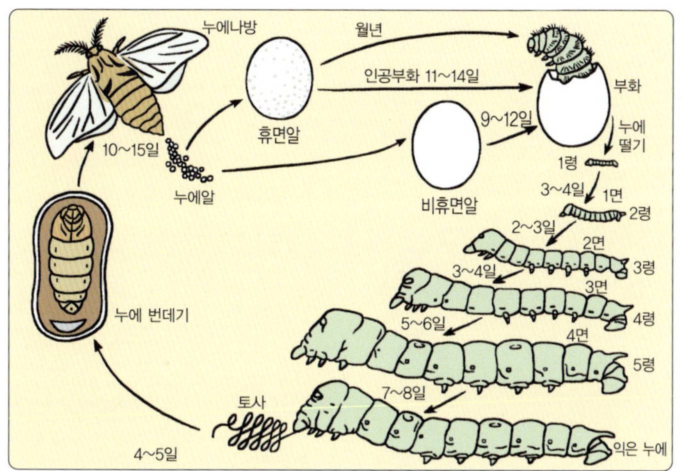

누에의 한살이 과정

우화되어 고치에서 나온 누에나방

엄마의 마음은?

그런데 용기의 바닥에 붙어있는 누에 알이 바닥과 접촉하는 면은 마치 사람의 소화 기관인 소장의 융털과 같은 모양으로 되어 있지요? 영양분을 흡수하는 융털이 주름처럼

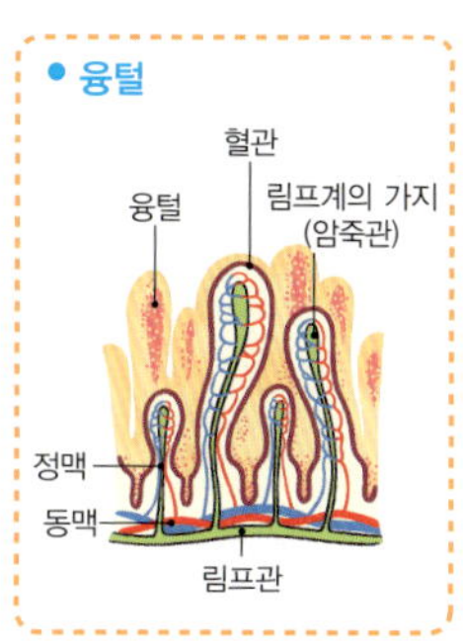

용기의 바닥에 붙어있는 누에의 알(500배)

되어 있는 것은 소장의 표면적을 넓혀서 많은 영양분을 효과적으로 흡수할 수 있도록 하기 위한 것입니다.

그렇다면 누에 알은 왜 주름 모양으로 붙어 있는 것일까요? 아마도 그것은 알을 가능한 한 바닥에 단단하게 고정시킴으로서 알이 소실되지 않고 잘 부화되게 하려는 엄마 누에나방의 사랑이 아닐까요?

누에가 토해낸 실은 어떤가요?

누에고치에서 실을 뽑는 시기는 고치를 만들기 시작한 후 7, 8일째로서 고치 속의 누에가 번데기가 된 다음입니다. 누에가 만든 명주실은 70 %의 피브로인*(fibroin)과 30 %의 세리신(sericin) 단백질로 되어 있으며, 실에서 아름다운 광택이 나지요.

비단의 재료인 명주실은 누에고치를 뜨거운 물에 담그고 가느다란 붓으로 저어 찾아낸 7~8가닥의 실을 한데 묶어 기계에 물려서 한 올로 뽑아냅니다. 한 마리 누에고치에서

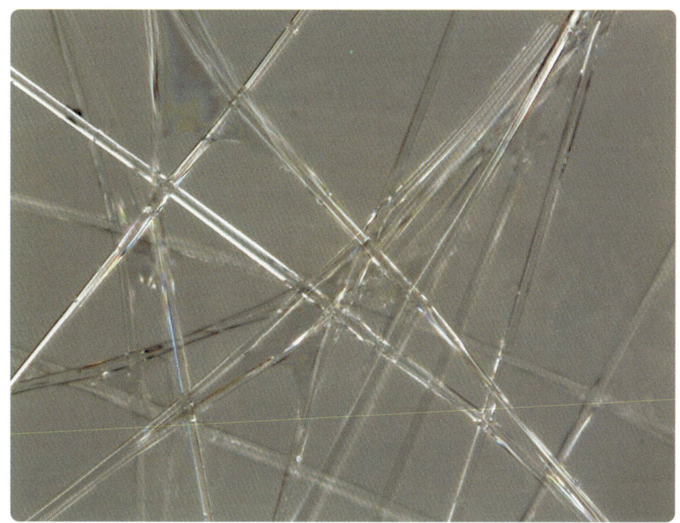

누에의 실(200배)

명주실을 뽑는 과정

1.2~1.5 km의 실을 뽑고 남은 번데기는 통조림으로 가공
되어 고단백 식품으로 판매되고 있습니다.

초파리의 한살이는?

초파리는 완전 탈바꿈 곤충으로서 알 → 애벌레 → 번데기 → 어른벌레의 한살이 과정을 거치는데, 알에서 어른벌레가 되기까지는 약 10일이 걸립니다.

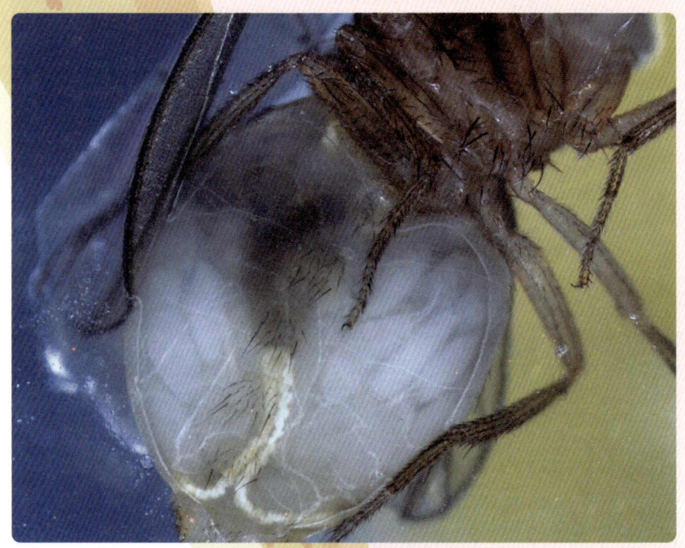

초파리 암컷의 배(30배)

초파리 암컷의 배에 있는 알이 보이나요? 산란된 알은 하루 만에 애벌레로 부화합니다. 알에는 특이한 더듬이 모양의 돌기가 나 있습니다. 애벌레는 구조적인 차이에 의하여 1령, 2령, 3령 애벌레로 나누는데, 1령에서 하루, 2령에서 하루, 3령에서 2~3일 보냅니다.

성장한 애벌레는 벽으로 기어 올라가 번데기가 됩니다.

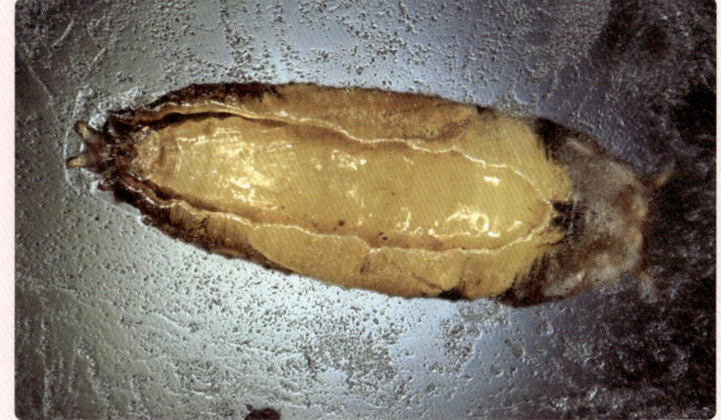

애벌레와 번데기(30배)

이 번데기는 엷은 색에서 점점 갈색으로 변하면서 단단한 껍질 속에서 어른벌레로 성장합니다. 우화하기 직전의 번데기에서는 빨간 눈, 털, 다리 등이 생긴 성충의 형태를 관찰할 수도 있습니다.

Quiz

이것은 무엇일까요?

(50배)

　여러분들이 좋아하는 개그맨 유재석의 별명은 메뚜기입니다. 그렇다면 국민 약골 이윤석의 별명으로 불렸던 이 곤충은 무엇일까요? 이 녀석의 이름은 양 뒷다리를 손으로 잡으면 방아 찧듯이 몸을 위아래로 움직이기 때문에 붙여진 것이랍니다.

　오늘날 곤충을 이용한 생체 모방 기술은 정보 기술(information technology), 바이오 기술(biotechnology), 나노 기술(nanotechnology) 등 최첨단 산업과 접목되고 있습니다. 특히 일본은 곤충 산업을 로봇, 하이브리드(hybrid) 자동차 산업 등과 함께 국가의 차세대 성장 산업으로 지정하여 지원하고 있습니다.

　이들 중에 초파리와 누에는 유전학 연구에, 바퀴벌레는 면역학, 생리학 등에 필수적인 재료로 이용되지요. 이외에도 곤충의 특이한 감각 기관이나 구조적인 특성이 첨단 과학에 응용되는 예가 많습니다. 이처럼 곤충이 갖고 있는 기능과 습성은 오랫동안 인간이 풀지 못했던 난제들을 해결하는 실마리가 되고 있습니다.

　그러나 무더운 여름날 밤! 우리를 향해 소리 없이 다가오는 모기들…. 조심스럽게 손바닥으로 내리치지만 약 올리듯이 이내 달아나 버리지요. 어떻게 알았을까요? 혹시 모기는 뒤에 눈이라도 달려 있나요?

15. 나 잡아 봐라~
곤충의 겹눈

'잠자리 날아 다니다 장다리꽃에 앉았다 살금살금 바둑이가 잡다가 놓쳐 버렸다 짖다가 날려 버렸다' 어린이들이 즐겨 부르는 동요입니다. 이처럼 잠자리를 잡으러 뒤에서 살그머니 다가가지만 잠자리는 순식간에 휙 날아가 버리지요. 파리도, 모기도, 나비도…. 어떻게 알았을까요? 곤충들은 뒤통수에 눈이라도 달린 것일까요?

앞의 사진은 방아깨비, 그리고 아래는 메뚜기와 잠자리의 겹눈입니다. 곤충의 눈은 사람과는 달리 육각형 모양의 수많은 낱눈들이 모여 이루어진 벌집처럼 생긴 겹눈이에요.

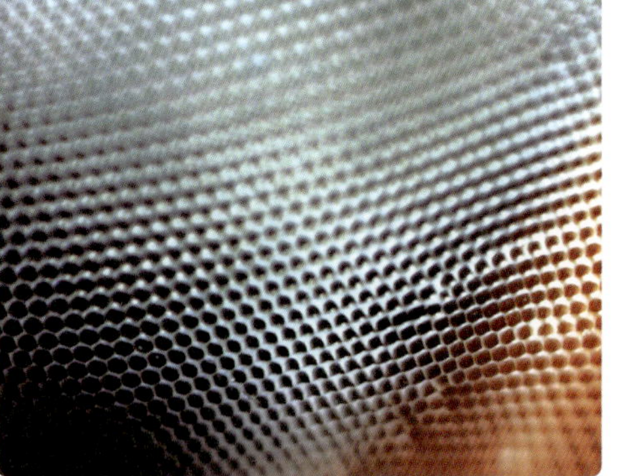

매뚜기(50배)와 잠자리의 겹눈(200배)

다른 곤충들은 어떤가요?

파리, 개미, 매미, 벌, 바퀴벌레, 초파리, 장수풍뎅이, 무

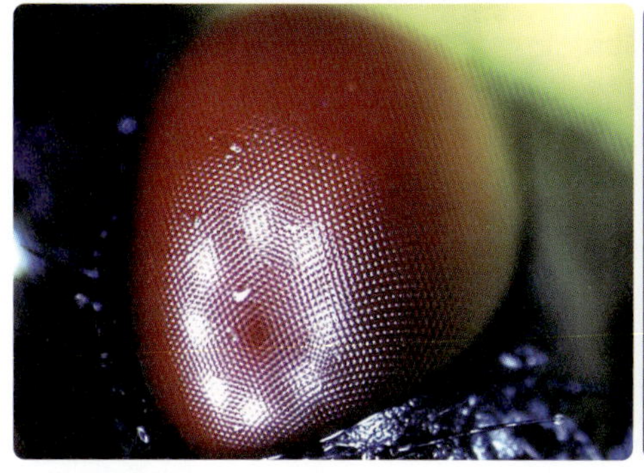

파리(50배)와 초파리의 겹눈(200배)

매미와 벌의 겹눈(200배)

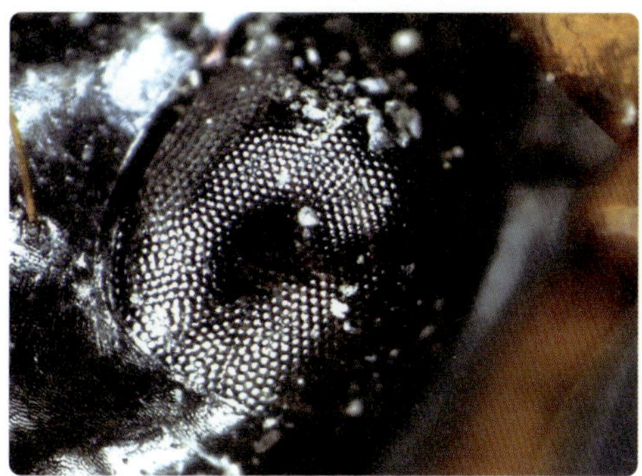

바퀴벌레와 개미의 겹눈(200배)

장수풍뎅이와 무당벌레의 겹눈(200배)

당벌레들도 모두 겹눈을 갖고 있습니다. 그 중에서도 주로 음식물 쓰레기 근처에서 날아다니는 파리와 초파리는 아름다운 빨간색의 겹눈을 갖고 있습니다.

사람의 눈, 카메라 그리고 겹눈

사물을 본다는 것은 태양과 같은 광원에서 나온 빛이 사물과 부딪쳐 산란되는 빛 중에서 눈동자로 들어오는 빛을 인식하는 것입니다. 이때 눈동자는 볼록렌즈와 같지요.

따라서, 눈동자를 통과한 빛은 실제 사물과는 거꾸로 망막에 상이 맺히지만, 신경세포에 의해 전달된 신호를 뇌가 원래의 모습으로 인식하는 것입니다.

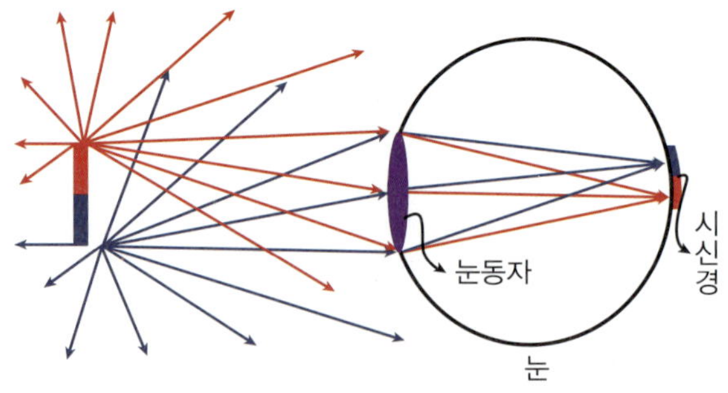

눈이 빛을 감지하는 과정

사람의 눈과 비슷한 구조를 갖는 카메라는 렌즈를 통해서 들어온 빛이 필름에 인화됩니다. 이때 렌즈를 앞뒤로 움직여서 초점을 맞추고, 렌즈의 앞에 있는 조리개의 구멍으로 빛의 양을 조절하지요.

따라서 카메라와 눈을 비교하면 눈의 수정체는 카메라의 렌즈와 같습니다. 즉, 수정체의 두께 조절에 의해 초점을 맺히게 합니다. 그리고 홍채는 카메라의 조리개와 같은 역할을 합니다.

곤충은 2개의 겹눈이 있는데, 겹눈을 구성하는 낱눈들은 볼록렌즈 모양의 6각형 각막과 빛을 모으는 원추정체로 구성됩니다. 각막으로 들어온 빛이 감간을 통과해서 망막 세포로 된 감광층에 도달하면 신호가 시신경으로 전달되지요. 이처럼 곤충의 낱눈들은 사물을 각각의 독립된 점 하나씩 따로 인식하지만, 망막의 감각 세포에 의해 이것들을 모자이크처럼 하나로 인식하는 것입니다.

이러한 겹눈의 장점은 낱눈들의 방향이 조금씩 다르기 때문에 머리를 돌리지 않아도 넓은 지역을 볼 수 있다는 것이지요. 이제 잠자리나 파리 등을 잡기가 어려운 이유를 알겠지요?

겹눈의 시력은 낱눈의 수와 낱눈의 시각 등에 따라 다르며, 꿀벌은 사람의 1/60~1/80 정도입니다. 일반적으로 낱눈이 많을수록 사물을 정확하게 볼 수 있는데, 파리나 벌의 낱눈은 약 4,000 개이며 잠자리는 약 2만 8,000개입니다.

곤충의 구조

곤충은 머리, 가슴, 배의 세 부분으로 구분되며 대부분 3쌍의 다리와 2쌍의 날개가 있습니다.

또한 곤충은 소리, 맛, 방향, 냄새 등을 인식하는 감각 기

개미의 구조

관인 더듬이를 갖고 있습니다. 형태는 빗살처럼 생긴 것(누에나방), 부채처럼 생긴 것(풍뎅이), 털이 많이 나 있는 것(모기), 여러 개의 마디로 된 것(벌), 기다란 것(장수하늘소) 등이 있습니다.

더듬이의 편절에는 여러 형태의 감각 수용체가 있어 냄새, 페로몬, 접촉과 같은 여러 가지 자극을 탐지할 수 있지요.

곤충은 홑눈도 있어요

곤충들은 겹눈뿐만 아니라 2~3개의 홑눈도 있습니다.

누에나방, 초파리의 더듬이(50배)

모기, 벌의 더듬이(50배)

홑눈은 밝고 어두운 명암을 구별하여 곤충의 활동성을 조
절하지요. 예를 들어 파리는 홑눈을 가리면, 밤인 줄 알고
거의 움직이지 않습니다.

　사람은 어떻게 명암을 구분할까
요? 사람 눈의 망막에는 원뿔 세포
(원추 세포, cone cell)와 막대 세포
(간상 세포, rod cell)라는 시세포가
있습니다. 원뿔 세포는 물체의 색깔
을, 막대 세포는 명암을 구분하지요.
즉, 밝을 때는 원뿔 세포가, 어두울
때는 막대 세포가 활동하게 됩니다.
따라서 곤충의 겹눈은 원뿔 세포, 홑
눈은 막대 세포와 같습니다.

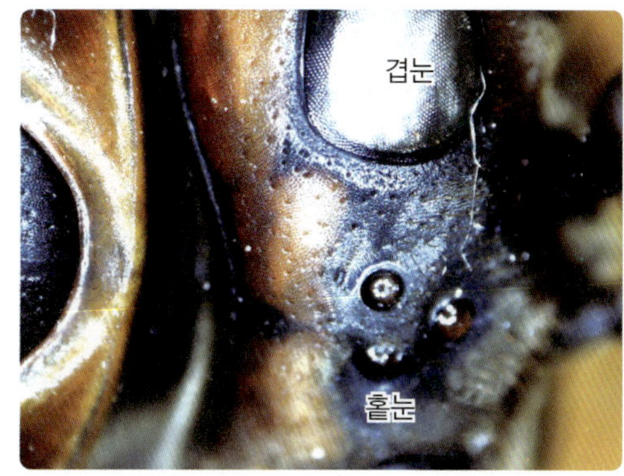

벌의 겹눈과 홑눈(50배)

　이처럼 밝은 곳과 어두운 곳에서 사용하는 시세포가 다
르기 때문에 밝은 곳에서 어두운 곳으로, 혹은 반대로 이동
하면 각각의 세포가 적응할 때까지 순간적으로 잘 보이지
않습니다. 원뿔 세포에는 빨간색, 초록색, 파란색 빛을 잘
감지하는 색소를 포함하는 적추체(ρ세포), 녹추체(γ세포),
청추체(β세포) 세포가 40 : 20 : 1의 비율로 분포하고 있습
니다. 그리고 디스플레이 장치가 빛의 삼원색을 혼합하듯,
이들 세포가 감지하는 정보를 바탕으로 색깔을 인식하는
것입니다.

　그러나 일부 영장류를 제외한 포유동물은 색깔을 구분할
수 없습니다. 흔히 투우 경기에서 붉은 천으로 황소를 홍
분시키지만, 실제로 황소는 색깔을 구분할 수 없지요. 반면
에 사람의 망막에는 적추체가 훨씬 많기 때문에 붉은 천은
황소가 아니라 투우를 관람하는 사람들을 더 홍분시키게
됩니다. 2002년 한·일 월드컵 그 때의 붉은 함성을 기억

● 투우 경기

하고 있나요?

바닷가의 생물들은?

바닷가에서 게나 새우 등을 잡아 본 적이 있나요? 이들도 역시 겹눈을 갖고 있기 때문에 사람이 다가가는 것을 빨리 감지합니다. 이처럼 곤충뿐만 아니라 대부분의 절지 동물들은 겹눈을 가지고 있습니다.

게의 겹눈(200배와 50배)

앗! 궁금해요 곤충의 겹눈은 어떻게 응용되나요?

2005년 〈사이언스〉에 '인공 곤충 눈*'에 관한 논문이 버클리 대학에서 발표되었습니다. 육각형의 마이크로 렌즈 등으로 만든 인공 곤충 눈은 360도 입체 영상을 볼 수 있는 카메라 기술로서 겹눈의 원리를 이용한 것이지요. 이 기술은 초박형 카메라, 캠코더, 시각 장애자용 인공 망막 및 군 사용, 장 내부 촬영 등 의료용 등에 널리 활용할 수 있습니다.

이처럼 생물을 모방하는 '생체 모방 공학(biomimetics)'은 그 중요성이 나날이 커지고 있습니다. 예를 들어 옷이나 신발에 떼었다 붙였다하는 '벨크로' (일명 찍찍이)는 도꼬마리** 열매가 동물의 털에 잘 달라붙는 원리를 이용한 것입니다.

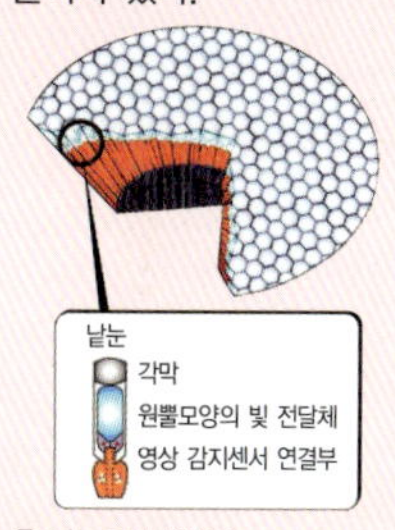

● 인공 곤충 눈

인공 곤충 눈 단면도

지름 2.5 mm의 구에 미세한 렌즈(낱눈)가 빼곡히 들어차 있다.

출처 : 조선일보

●● 도꼬마리

국화과 한해살이풀. 열매에 가시가 많아 스치기만 해도 옷에 달라 붙는다.

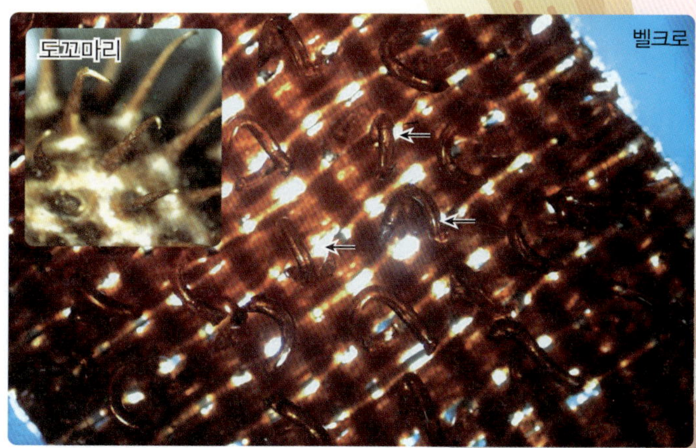

벨크로(30배)와 도꼬마리(30배)

이것은 무엇일까요?

(50배)

툭 튀어나온 눈을 가진 이 녀석을 본 적이 있나요? 주로 연못가에 서식하며 물 위에서 잔물결을 일으키면서 쏜살같이 앞으로 나아가지요. 표면장력을 설명할 때면 이 녀석은 반드시 약방의 감초처럼 등장한답니다. 그렇다면 이것은 무엇일까요?

표면장력(surface tension)이란 액체 분자 간의 응집력에 의해서 생기는 힘입니다. 예를 들어 물은 왜 액체일까요? 그것은 물 분자들 사이에 응집력이 있기 때문입니다. 이때 물의 내부에서는 모든 방향에서 다른 분자들과 응집력이 있지만, 표면에서는 공기와 접하고 있기 때문에 표면에 있는 분자들은 불안정하지요. 따라서 표면에 있는 물 분자의 수를 최소화시키려는 힘이 작용하는데, 이 힘이 바로 표면장력입니다.

비가 갠 후 어린 은행나무 잎에 맺힌 물방울

표면장력의 세기는 응집력에 비례합니다. 특히 물은 수소결합이라는 강한 분자간 인력을 갖기 때문에 표면장력이 매우 커서 물방울은 구형에 가깝지요. 그러나 에탄올 등은 응집력이 작고, 중력에 의해 타원 모양이 됩니다. 물론 물방울도 중력을 받지만 응집력이 훨씬 크게 작용하는 것입니다.

소금쟁이

　지게더미를 지기 위해 다리를 벌린 소금장수와 닮았다는 소금쟁이는 매미목 소금쟁이과 곤충으로서 물 위에서 생활하는 대표적인 반수생 곤충입니다. 몸은 가늘고 길며, 매우 긴 가운데 다리와 뒷다리가 있으며, 더듬이는 4마디로 되어 있지요. 소금쟁이의 날개는 등에 달라붙어 있는데, 대부분은 날개가 퇴화되어 날 수 없습니다.

　소금쟁이는 가운데 다리의 미는 힘으로 물을 튕기면서 앞으로 나아가고 뒷다리로 방향을 잡으면서 수면을 활주합니다. 그리고 벌레가 물에 떨어지거나 앉을 때 생기는 물결

소금쟁이와 표면장력에 의해 생긴 그림자

소금쟁이의 알(200배)

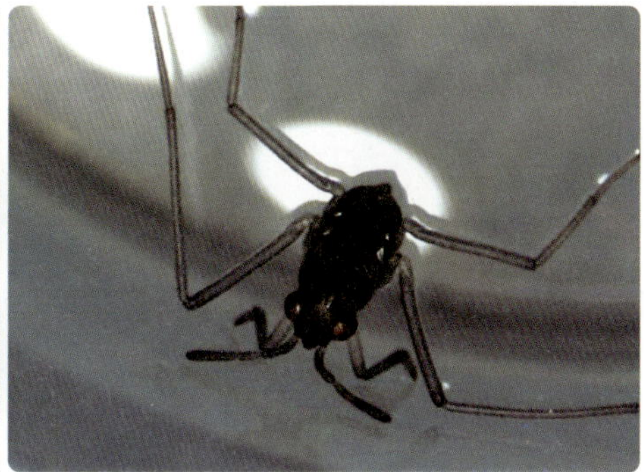
갓 부화한 소금쟁이(50배)

에 의해 먹이를 감지하지요. 따라서 막대기로 잔잔한 물결을 일으키면 소금쟁이가 막대기 주위로 몰려들기 때문에 소금쟁이를 잡을 수 있습니다.

소금쟁이에 작용하는 힘은?

우리가 물 위를 걸을 수 있다면 얼마나 좋을까요? 그런데 왜 우리는 물 위를 걸을 수 없나요? 그 이유는 중력이 표면장력보다 훨씬 크기 때문입니다. 당연한가요?

마찬가지로 물 위에 있는 소금쟁이에게도 중력이 작용하기 때문에 소금쟁이는 자신의 무게만큼의 중력으로 물을 누르지요. 이때 물의 표면적이 증가함에 따라 물의 표면적을 최소화시키려는 표면장력이 중력과 반대로 작용하기 때문에 소금쟁이가 물 위에 떠있게 되는 것입니다.

사람에게도 표면장력이 작용하지 않나요?

이러한 표면장력은 소금쟁이와 사람 모두에게 작용하지요. 그러나, 소금쟁이는 가볍기 때문에 표면장력이 중력보다 커서 물 위에 떠있을 수 있습니다. 그러나 사람은 중력이 훨씬 크기 때문에 물 위를 걸을 수 없는 것입니다.

● 잔털(500배)

●● 소수성
물을 빨아들이지 않는 성
질

●●● 밀랍
벌집의 주성분을 이루는
동물성 고체납

소금쟁이가 물에 뜨는 또 다른 이유는 다리에 있는 잔털●들 사이에 있는 공기에 의해 부력을 받기 때문입니다. 또한 잔털들이 물에 젖지 않도록 분비되는 소수성●●의 밀랍●●● 성분도 소금쟁이가 뜰 수 있게 도와줍니다.

소금쟁이가 물 위에서 나아가는 비결은?

사람은 땅과의 작용·반작용에 의해 걸을 수 있습니다. 그리고 새나 물고기들은 3차원적인 공간인 하늘과 물 속에서 날개와 꼬리에 의해 형성된 소용돌이에 의한 작용과 반작용으로 나아가지요. 그렇다면 소금쟁이는 물 위에서 어떻게 앞으로 나아갈까요?

예전에는 소금쟁이가 나아갈 때 뒤쪽으로 생기는 잔물결의 반작용에 의해 물 위를 나아가는 것으로 설명했습니다. 그러나 매사추세츠(MIT) 공과대학의 과학자들이 초고속 카메라로 소금쟁이를 추적한 결과 잔물결과 함께 형성되는 소용돌이(vortex)가 추진력이라는 것이 확인되었습니다.

즉 2차원적인 물의 표면에서 움직이는 소금쟁이도 새나 물고기와 같은 방법으로 움직인다는 것을 밝혀낸 것입니다.

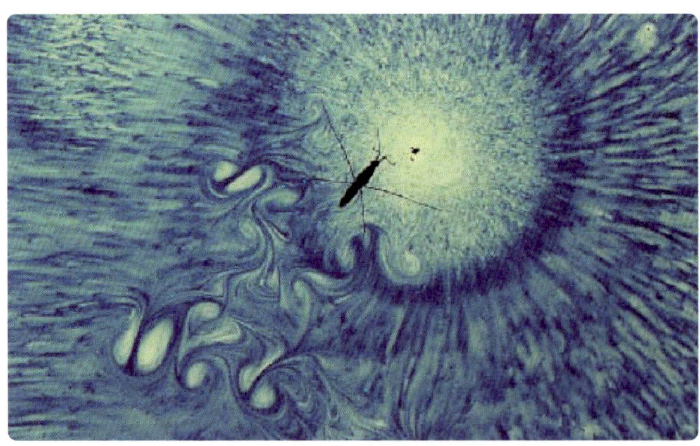

물 위에서 움직이는 소금쟁이(출처: 과학동아 2003년 9월호)

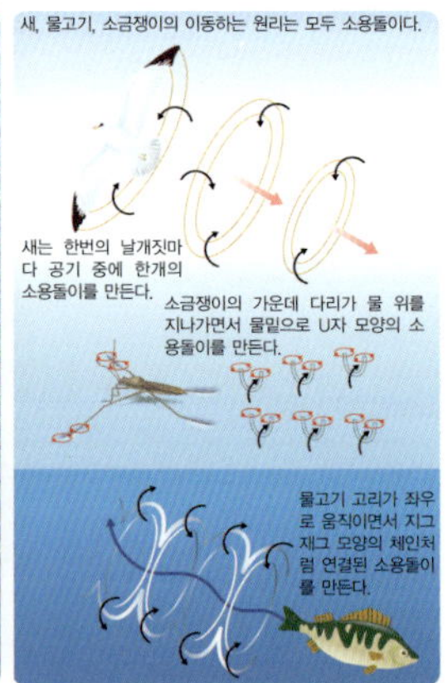

물, 공기, 경계면에서 생물체의 이동

소금쟁이는 어떻게 튀어 오르나요?

소금쟁이를 가만히 관찰하면 물 위를 톡톡 튀는 것을 볼 수 있지요? 소금쟁이가 이처럼 물 위에서 점프를 하려면 수면에 큰 힘을 가해야 하고, 물에 다시 떨어질 때에는 빠지지 않아야 합니다. 그런데 소금쟁이는 어떻게 이것이 가능할까요?

오랫동안 수수께끼로 남아있던 소금쟁이의 '수상 점프'에 대한 비밀이 풀렸습니다.

2007년 서울대 김호영 교수 연구팀은 소금쟁이의 다리처럼 물을 밀어내는 성질이 아주 강한 초소수성(super water-repellent) 공을 만들었습니다. 그리고 이 공을 다양한 속도로 물에 떨어뜨리면서, 공이 다시 튀어 오르는 속도를 고속 카메라로 촬영하여 찾았지요. 즉, 공이 너무 빠르게 낙하하면 가라앉고 너무 느리면 튀어 오르지 않았던 것입니다. 이러한 소금쟁이의 뛰어난 운동 능력은 수상 로봇의 개발에 응용되고 있습니다.

물 위를 걷는 소금쟁이 로봇(출처 : 카네기 멜론대 나노로봇공학 연구실)

Quiz

이것은 무엇일까요?

(50배)

　괴물인가요? 개구리 왕눈이처럼 생긴 이것은 오징어과에 속하는 연체 동물로서 보호색을 나타냅니다. 또한 이것은 어물전의 대표적인 수산물로서 이것과 관련된 다양한 속담들이 있지요. 그렇다면 이것은 무엇일까요?

　'곰과 두 친구' 라는 동화를 알고 있나요? 곰이 나타났을 때 한 친구는 혼자 살기 위해 나무 위로 올라가고, 다른 친구는 죽은 척 해서 살아났다는 이야기입니다. 그러나 실제로 곰은 닥치는 대로 공격한다고 합니다. 그렇다면 죽은 척 하는 것도 보호색인가요?

　보호색(protection coloration)이란 주위 환경과 비슷한 색을 띰으로서 다른 동물에게 잘 발견되지 않게 하는 색입니다. 보호색은 귀뚜라미, 메뚜기, 나방과 같은 곤충, 뱀, 거북, 도마뱀 등의 파충류 등에 넓게 나타납니다. 그리고 사자, 호랑이, 표범 등과 같은 포식동물도 주위와 비슷한 보호색을 갖지요.

　이처럼 많은 동물들은 적의 위협으로부터 피하거나 혹은 먹이를 잡기 위한 다양한 수단과 방법을 가지고 있습니다. 실제로 장구애비는 적에게 발견되면 몸을 뒤집어 죽은 척 하다가, 적이 사라지면 재빨리 도망치지요. 그리고 무당벌레나 쥐며느리도 손으로 만지면 몸을 돌돌 말아서 죽은 척 합니다.

17. 어물전 망신은 꼴뚜기가?

보호색

꼴뚜기가 관련된 속담에는 어떤 것이 있을까요? 동료나 집단을 망신시킨다는 '어물전 망신은 꼴뚜기가 시킨다', 사람들의 욕심이 많은 것을 빗대어 '장마다 꼴뚜기 날', 다른 사람들이 하니까 덩달아서 한다는 '망둥이가 뛰니까 꼴뚜기도 뛴다' 는 속담들이 있지요.

꼴뚜기는 다른 소형 갑오징어나 오징어 새끼 등과 잘 구분되지 않기 때문에 수산물 시장에서는 크기가 작은 오징어를 모두 꼴뚜기라고 부르기도 합니다. 그렇다면 꼴뚜기

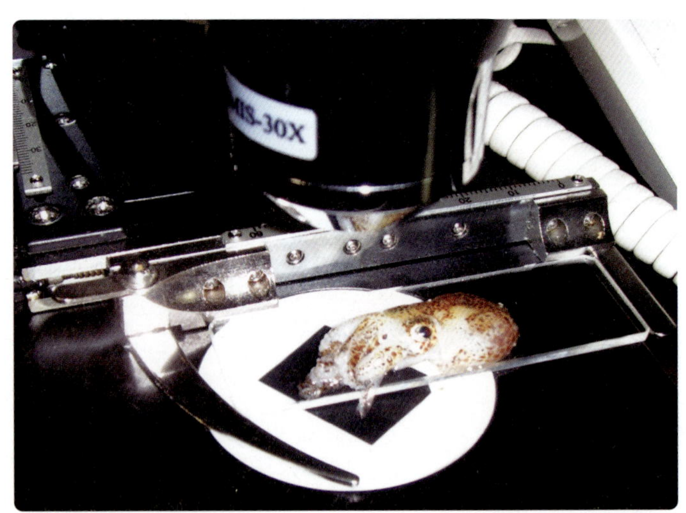

슬라이드글라스 위에 놓인 꼴뚜기

는 어떻게 순식간에 보호색을 나타내는 것일까요?

보호색, 그 신비?

살아있는 꼴뚜기를 관찰하면, 아래 사진처럼 색소 세포가 팽창과 수축을 반복하는 것을 볼 수 있습니다. 신기하지 않나요?

꼴뚜기는 자극을 받거나 위험에 처하면 먹물을 쏘면서 달아나거나, 갈색과 황색의 색소 세포들의 팽창과 수축에 의해서 해초나 바위와 비슷한 색을 띠지요. 즉, 색소 세포가 수축하면 색이 연해지고, 팽창하면 진하게 되면서 이들의 조합으로 보호색을 나타냅니다. 마치 디스플레이 장치에서 다양한 색깔을 만드는 것과 비슷한 원리입니다.

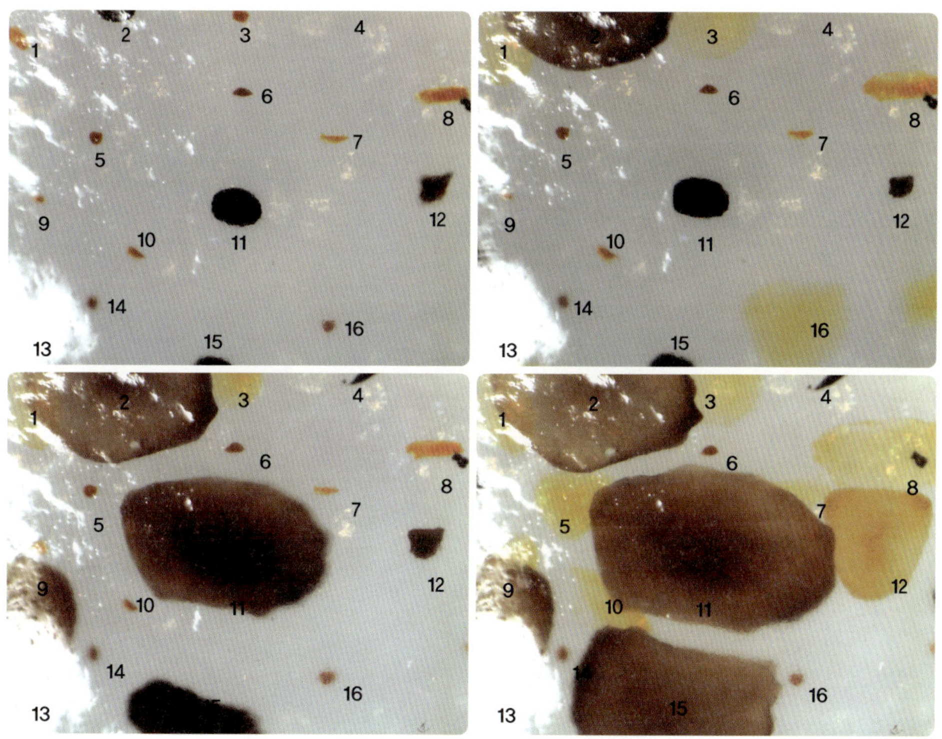

꼴뚜기의 색소 세포의 크기 변화(200배). 숫자는 색소 세포의 위치를 나타낸다.

보호색은 적으로부터 자신을 보호할 뿐만 아니라 먹이 사냥에도 도움을 줍니다. 변신의 천재인 카멜레온도 녹색을 기본으로 빛, 온도, 감정에 따라서 빨간색이나 파란색 등의 보호색을 나타내지요. 즉, 카멜레온도 마찬가지로 표피 밑에 있는 색소 세포의 조합에 의해 다양한 색깔들로 변신하는 것입니다.

꼴뚜기의 사촌형, 오징어는?

정약전[*]이 지은 《자산어보》에 의하면 오징어는 죽은 척 바다 위에 떠 있다가, 오징어를 잡아 먹으려고 내려오는 까마귀를 순식간에 다리로 휘감아서 바다 속으로 끌고 들어간다고 합니다. 상상이 되나요? 그래서 오징어라는 이름은 까마귀를 잡아먹는 고기라는 오적어(烏賊魚)의 뜻을 가지고 있지요.

오징어도 꼴뚜기와 비슷하게 빨간색과 갈색, 그리고 황색의 색소 세포들이 있습니다. 아래의 오징어는 죽은 지 오

죽은 오징어의 색소 세포(50배)

래되었기 때문에 색소 세포가 많이 파괴되어 있습니다.

그렇다면 보호색을 나타내려면 반드시 색소 세포가 있어야만 하나요?

그렇지는 않습니다. 꽁치나 고등어와 같은 생선은 등의 색깔이 바다와 같은 파란색이기 때문에 새의 공격을 효과적으로 피할 수 있습니다. 또한 생선의 배는 바다 밑에서 올려다 볼 때 해수면과 비슷한 은백색이기 때문에 큰 물고기들을 착각하게 만들지요. 따라서 생선 등의 파란색과 배의 은백색도 일종의 보호색입니다. 그런데 생선의 배를 현미경으로 관찰하면 완전히 백색은 아니며 특이한 무늬가 있는 것을 볼 수 있습니다.

산호초에 사는 물고기들의 색깔이 화려한 것과 깊은 바다에 사는 물고기들의 색깔이 어두운 것도 비슷한 이유이지요. 이러한 보호색이 있기 때문에 정도의 차이는 있지만 동물들도 어느 정도 색을 구별할 수 있는 것으로 추측하고 있습니다.

갈치의 배(200배)

오징어의 빨판은?

마치 상어의 이빨처럼 생긴 이것은 오징어의 빨판(흡판)입니다. 오징어와 문어의 다리는 비슷한 것 같지만, 오징어는 문어, 낙지와는 달리 빨판에 가시가 있지요.

이들은 빨판에 있는 특수한 근육을 이용하여 진공을 만들어 벽에 달라붙거나 물체를 들어올립니다.

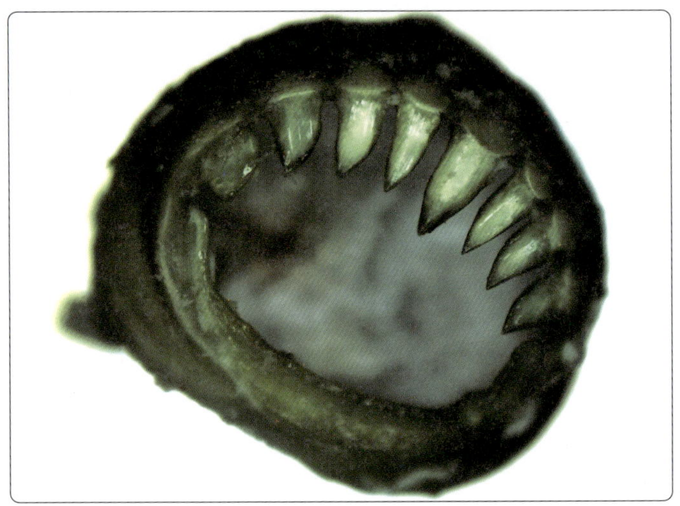

오징어 빨판(30배)

동물의 위장술은 어떤 것이 있나요?

동물들이 적으로부터 자신을 보호하는 방법으로는 보호색 외에도 경계색과 의태가 있습니다.

무당벌레는 화려한 무늬로 일부러 눈에 잘 띄는 경계색을 갖고 있습니다. 새들은 경험적으로 무당벌레는 맛이 없고, 냄새가 고약한 것을 알기 때문에 무당벌레를 보면 대개 그냥 지나칩니다.

무당벌레

나방의 눈알 문양

벌레들 중에는 무늬로 위장을 하는 것도 있습니다. 애벌레들은 매나 부엉이의 눈과 같은 무늬를 몸에 그려 놓거나, 포식자가 입을 벌릴 때 나타나는 새빨간 색으로 위장하지요. 이러한 경계색은 나방의 눈알 문양에서도 볼 수 있습니다.

또한 대벌레는 색깔이나 무늬, 그리고 형태까지도 주변과 비슷하게 위장하는데, 이것을 의태라고 합니다.

● 대벌레
대나무 가지와 비슷한 메뚜기목 대벌레과의 곤충

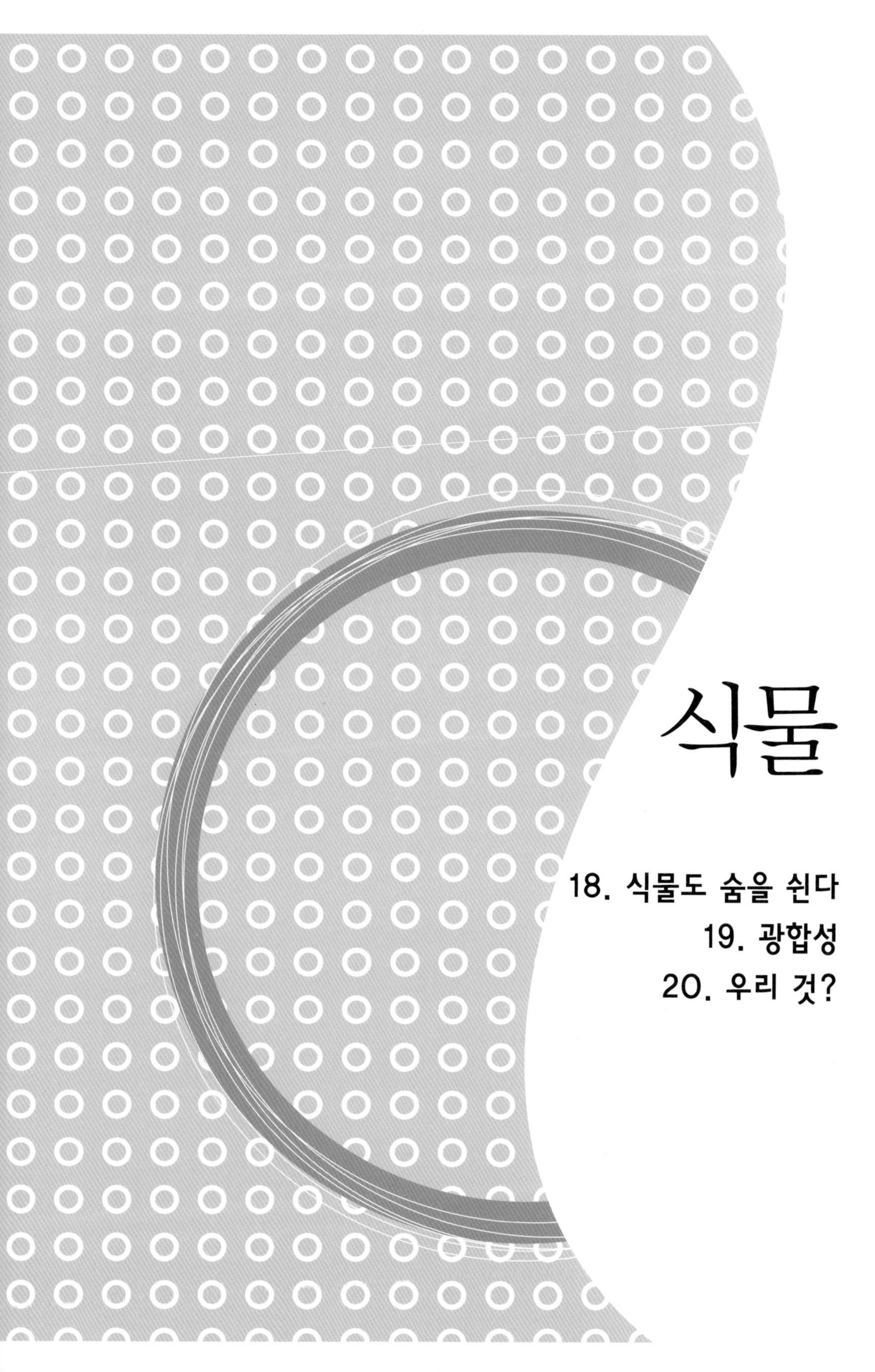

식물

18. 식물도 숨을 쉰다
19. 광합성
20. 우리 것?

Quiz

이것은 무엇일까요?

(50배)

사진에서 일렬로 늘어선 동그란 것들은 식물의 숨구멍이에요. 즉, 지구 온난화(global warming)의 주범으로 알려진 이산화탄소를 흡수하고 사람이 호흡에 필요한 산소를 방출하는 소나무의 호흡 기관입니다. 그렇다면 이것은 무엇일까요?

최근 지구 온난화에 의한 기후 변화나 오존층 파괴에 의한 질병의 증가와 같은 환경 문제의 심각성에 대한 기사를 자주 접하게 되지요?

지구 온난화란 대기 중에 있는 이산화탄소, 프레온, 메탄 등과 같은 기체가 지구 복사 에너지를 흡수하는 온실 효과(greenhouse effect)에 의해 지구의 온도가 계속해서 상승하는 현상입니다. 특히 화석 연료의 사용으로 인한 이산화탄소 배출이 가장 큰 영향을 미치며 삼림벌채 등으로 인해 그 속도가 점차 빨라지는 것으로 알려지고 있습니다.

특히 냉매로 사용하는 프레온 가스는 매우 안정하기 때문에 대기권에서는 분해되지 않고 성층권까지 도달합니다. 그리고 성층권에서 자외선에 의해 분해되면서 염소 원자를 방출하지요. 이때 발생한 염소 원자 하나는 약 십만여 개의 오존을 파괴하기 때문에 오존층 파괴의 주범으로 알려져 있어요. 폴 크루첸 박사 등은 이러한 프레온 가설로 1995년에 노벨 화학상을 수상하였습니다.

18. 식물도 숨을 쉰다
기공

사람과 식물의 공통점은 무엇일까요? 바로 숨을 쉬고 있는 생명체라는 것이겠지요. 사람은 코로, 그리고 식물은 기공으로 숨을 쉬고 있습니다. 이러한 기공은 사람과 코끼리의 코가 다르듯이 식물에 따라 모양이 다양합니다. 아래는 공변 세포가 네 개인 우산이끼의 기공이에요.

사람은 숨을 쉴 때마다 산소를 체내로 흡입하고 대사과정을 거쳐서 생긴 이산화탄소를 체외로 배출하지요. 이처럼 자동차나 공장에서 발생하는 화석연료의 연소뿐만 아니

우산이끼의 기공(500배)

라 60억의 인구는 엄청난 양의 이산화탄소를 끊임없이 대기 중으로 배출하고 있는 것입니다.

그러나 조류와 식물의 광합성에 의해 공기 중의 이산화탄소가 산소로 변환되기 때문에 지구는 이산화탄소와 산소의 비율을 일정하게 유지할 수 있는 것입니다. 따라서 산림 자원을 더 소중히 잘 가꾸어야 하겠지요?

만약에 식물이 없다면 어떻게 될까요? 화석연료의 연소에서 발생한 이산화탄소가 아니더라도, 지구는 사람의 호흡으로 발생한 이산화탄소 때문에 사람이 살 수 없을 것입니다. 혹은 사람이 이산화탄소를 들이키고 산소를 배출하는 신체 구조를 갖고 있었을까요?

식물의 코, 숨구멍?

현미경으로 가장 많이 관찰하는 것들은 양파, 구강 상피 세포…, 그리고 기공입니다. 아래는 기공의 모양이 선명한 자주달개비의 잎입니다.

북미 원산의 식물로서 세포 원형질 염색이 잘 되고 관찰이 쉬워 현미경 실습용으로 잘 쓰인다.

자주달개비 잎의 기공(200배)

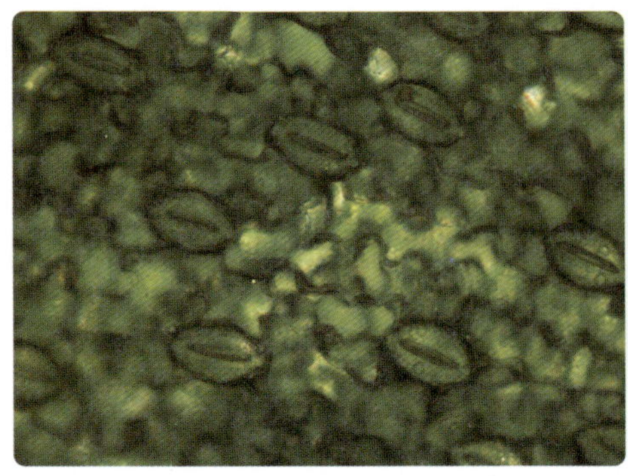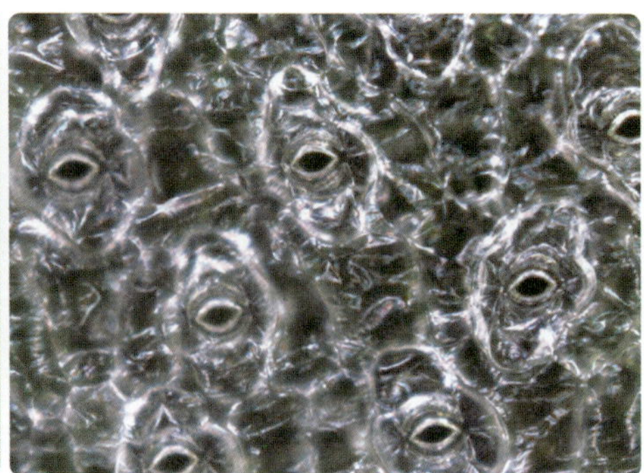

백합과 달개비의 기공(500배)

식물은 기공을 열어서 이산화탄소를 빨아 들이고 산소를 배출하지요. 기공 주위의 네모처럼 생긴 것은 각각의 세포들입니다. 이러한 기공의 열리고 닫히는 작용과 햇빛에 의한 광합성, 그리고 식물의 생명 현상과는 어떠한 연관이 있을까요?

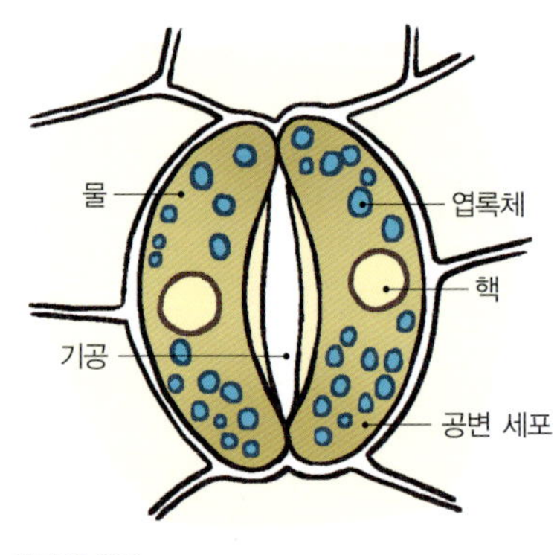

기공의 구조

기공이란 잎의 표피 세포가 변형된 한 쌍의 공변 세포(guard cell)에 의해 형성된 숨구멍입니다. 이러한 공변 세포는 엽록체가 많고 세포벽은 기공이 있는 쪽이 반대 쪽보다 더 두껍지요. 따라서 기공은 공변 세포가 물을 많이 흡수하여 팽압이 상승하면서 팽창할 때 세포벽이 얇은 바깥 쪽으로 휘면서 열리게 되는 것입니다.

팽압이란 세포가 물을 흡수하여 팽창하면서 세포벽을 밀어내는 힘인데, 식물의 형태 유지와 생장에 필수적인 힘입니다. 식물이 시들어서 줄기가 처진 것을 본 적이 있지요? 바로 물을 흡수하지 못해서 팽압이 낮아졌기 때문입니다.

팽압이 상승하는 때는?

햇빛이 강한 낮에는 광합성이 활발하기 때문에 공변 세포 안의 포도당의 농도가 증가하기 때문에 공변 세포는 삼투압*에 의해 주변으로부터 물을 흡수하지요. 따라서 팽압이 높아지면서, 기공이 열리고 물을 방출합니다. 이처럼 잎의 증산 작용**에 의해 토양에 있는 무기질 양분과 수분이 뿌리를 통해 잎으로 이동하게 되는 것입니다.

자주달개비의 기공이 닫혔을 때(500배)

광합성에 의해서 잎에서 합성된 포도당은 밤에 저장 기관으로 이동하여 녹말로 저장됩니다. 이때 공변 세포의 삼투압은 낮아져서 물이 빠져나가고 팽압이 감소하지요. 따라서 기공은 닫히게 되는 것입니다.

그러나 낮이라도 가뭄 등으로 수분의 공급이 부족하면 기공이 열리지 않습니다. 이처럼 식물은 기공에 의해서 수분의 손실을 적절히 조절하면서 생명 유지에 필요한 최적의 환경을 유지하고 있는 것입니다.

　광합성과 증산 작용이 기공의 열고 닫힘에 큰 영향을 미치지만, 식물마다 기공의 수가 다르기 때문에 반드시 광합성만 작용하는 것은 아닙니다. 예를 들어 공변 세포에 축적된 칼륨 이온도 세포의 삼투압과 기공의 열고 닫힘에 관련이 있습니다.

자주달개비의 기공이 열렸을 때(500배)

물은 스프링으로 통한다?

　그렇다면 물은 어떻게 잎으로 이동할까요? 바로 물관을 통해서 이동하지요. 물관을 이루는 세포는 위와 아래로 세포벽이 없는 대롱 모양의 모세관을 형성하기 때문에 모세관 현상에 의해 물이 상승하게 되는 것입니다.

　이러한 물관은 관다발[•] 조직의 일부입니다. 식물은 이끼류, 양치식물, 겉씨식물, 속씨식물로 분류하는데, 관다발은 이끼류를 제외한 모든 식물에 있지요. 즉, 뿌리에서 흡수한 물과 무기질 양분은 관다발의 물관을 통해서, 그리고 잎에서 광합성으로 만들어진 양분은 체관을 통해서 뿌리나 열매로 이동하는 것입니다.

　다음 사진은 여러 과일 속에 있는 물관입니다. 마치 스프
링처럼 생겼지요? 여러분들이 즐겨 마시는 과일 주스에도
과즙과 함께 이러한 물관들도 포함되어 있답니다.

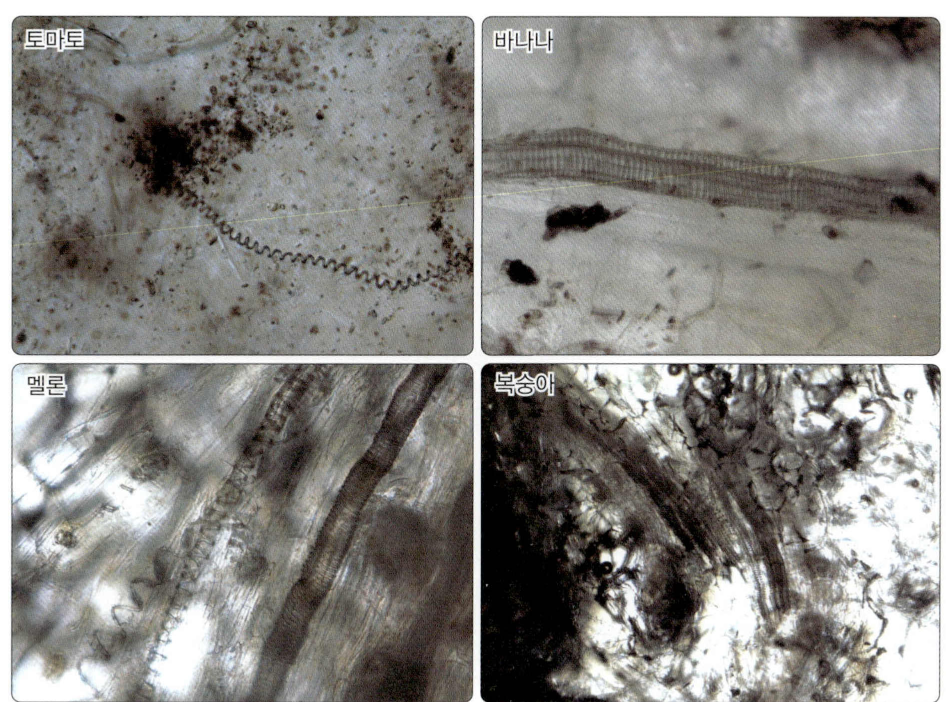

여러 과일의 물관(500배)

기공은 잎의 뒷면에만 있나요?

기공은 햇빛이나 비와 같은 외부 환경보다 식물의 내부 상태에 따라 조절할 수 있도록 주로 잎의 뒷면에 많지만 윗면에 있는 식물들도 있습니다.

떡갈나무나 보리수는 뒷면에만 있지만, 해바라기나 양파, 보리 등은 윗면에도 많지요. 심지어 백합은 수술과 줄기에, 수박은 껍질에도 기공이 있습니다. 또한 기공이 윗면에만 있는 수생식물로 있지만 부레옥잠처럼 윗면과 뒷면에 기공이 있는 것도 있습니다.

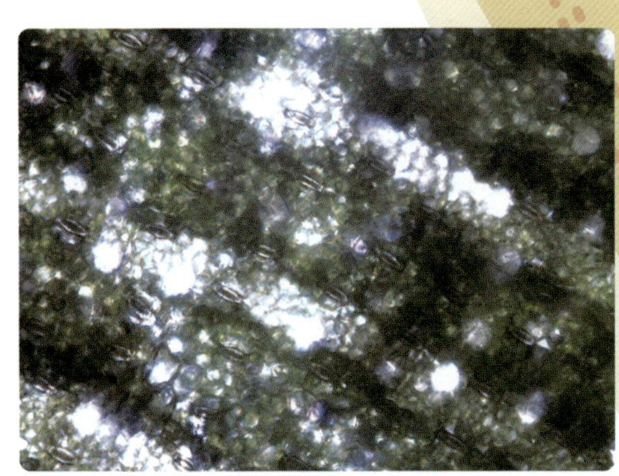

부레옥잠 잎과 백합 줄기에 있는 기공(500배)

기공은 배열 형태에 따라서 불규칙형, 부등형, 평행형, 교차형, 방사형의 다섯 가지로 분류합니다. 그런데 자주색 양배추의 기공은 특이하게 두 개 혹은 세 개씩 짝지어져 있습니다. 위의 기준에 따라 분류하기가 쉽지 않지요?

수박껍질 위의 기공(500배)

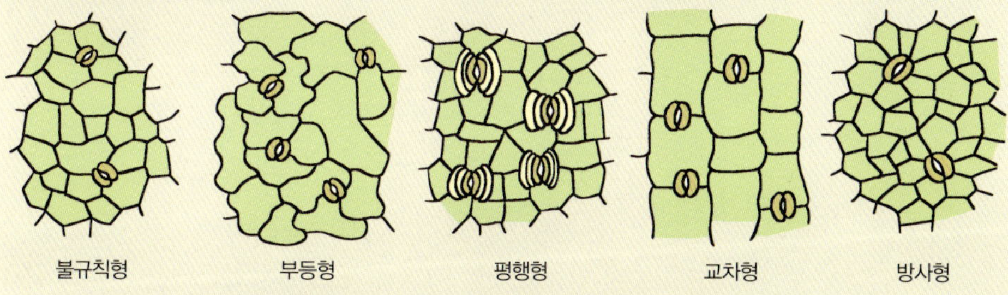

기공의 다양한 형태

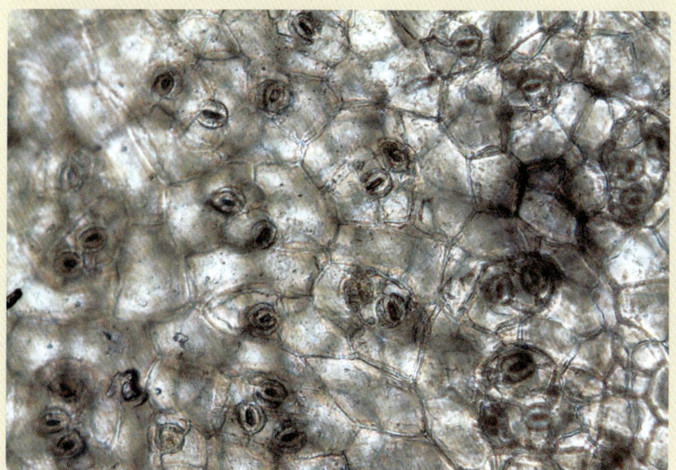

색소를 제거한 자주색 양배추의 잎의 기공(500배)

Quiz

이것은 무엇일까요?

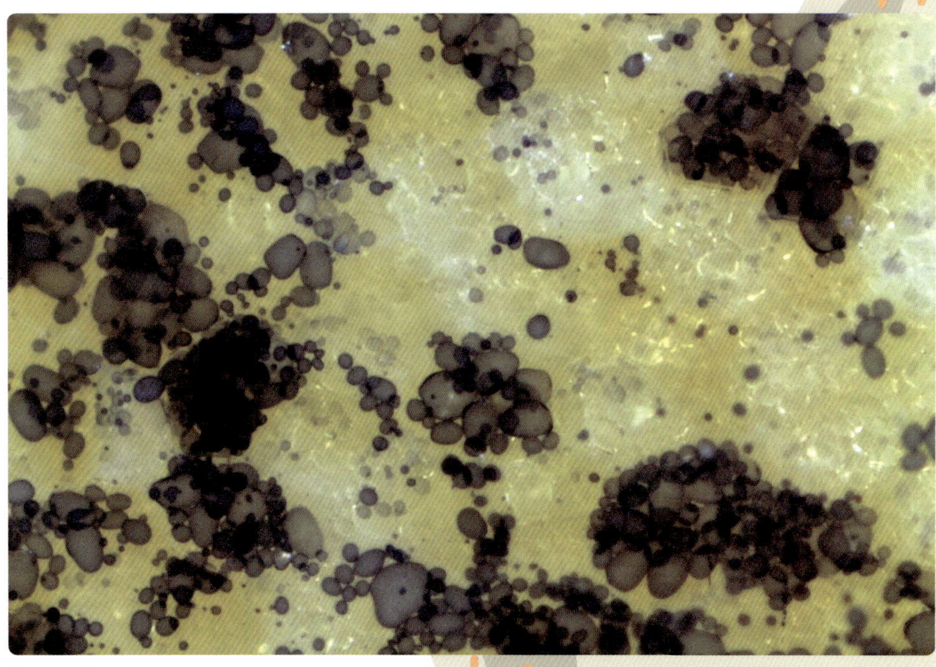

(500배)

마치 탐스런 포도가 주렁주렁 달린 포도송이 같지요? 이 것은 우리가 매일 섭취하는 쌀과 같은 곡식의 주성분인 탄 수화물을 요오드로 염색한 것입니다. 이것은 침 속에 있는 아밀라아제 효소에 의해서 두 분자의 포도당이 결합된 이 당류인 말토오스*와 덱스트린**으로 분해되어 흡수되지요. 그렇다면 이것은 무엇일까요?

쌀을 주식으로 하는 일본, 대만 그리고 우리나라는 최근 에 쌀 소비량이 지속적으로 감소하고 있습니다. 그 이유는 라면, 피자, 햄버거, 치킨의 소비가 늘어나는 등 청소년들의 식습관이 크게 달라졌기 때문이지요.

쌀은 식이섬유***와 필수 아미노산 등이 풍부한 저지방 음식입니다. 필수 아미노산은 체내에서 합성되지 않기 때 문에 반드시 음식물로 섭취해야만 하는 아미노산이지요. 그러나 이러한 쌀을 외면하고 트랜스 지방 등이 많은 패스 트푸드를 즐기면서 고혈압, 당뇨병, 심장병, 뇌혈관 질환과 같은 성인병의 원인이 되는 청소년 비만이 나날이 증가하 고 있습니다.

패스트푸드(fast food)란 햄버거, 프라이드 치킨, 피자, 라 면처럼 빨리 요리되는 음식을 말합니다. 특이한 것은 패스 트푸드의 본고장인 미국에서는 식생활 개선 등에 의해서 오히려 쌀 소비량이 점차 증가하고 있다는 것이지요.

19. 광합성

녹말

쌀, 감자, 고구마 등에는 많은 양의 녹말이 들어 있습니다. 광합성에 의해서 만들어지는 녹말은 쌀이나 감자와 같은 식물의 씨, 뿌리, 줄기, 열매 등에 저장되어 동물에게 가장 중요한 영양소 중 하나인 탄수화물을 제공하지요.

탄수화물은 일반식이 $C_m(H_2O)_n$으로서 탄소와 물로 이루어진 것처럼 표시되기 때문에 붙여진 이름입니다. 녹말은 식량 외에도 접착제, 종이, 섬유 등의 공업 원료로 매우 중요하게 사용되고 있습니다.

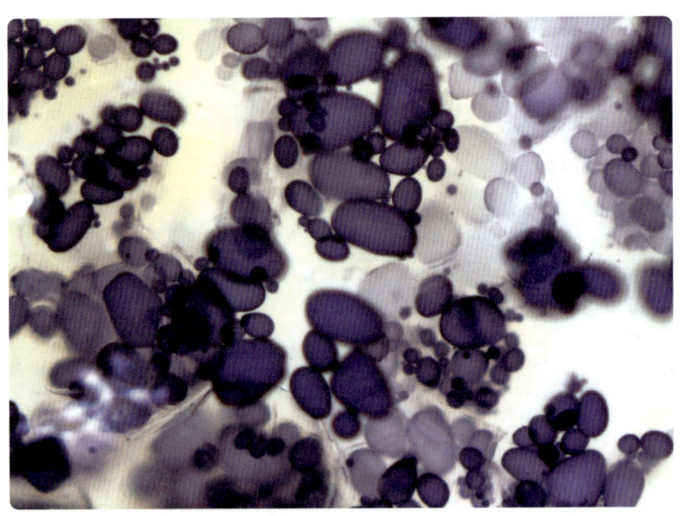

감자의 녹말(500배)

녹말이란?

낮에 광합성에 의해 만들어져서 잎에 잠시 저장되어 있던 1 μm 이하의 동화 녹말은 밤에 가수분해°되어 씨, 뿌리, 줄기, 열매 등으로 운반되어 1~100 μm 정도의 저장 녹말로 전환됩니다. 저장 녹말은 식물의 종류에 따라서 그 형태가 일정하지요. 예를 들어 밤의 녹말은 구형인데, 바나나는 납작한 모양입니다.

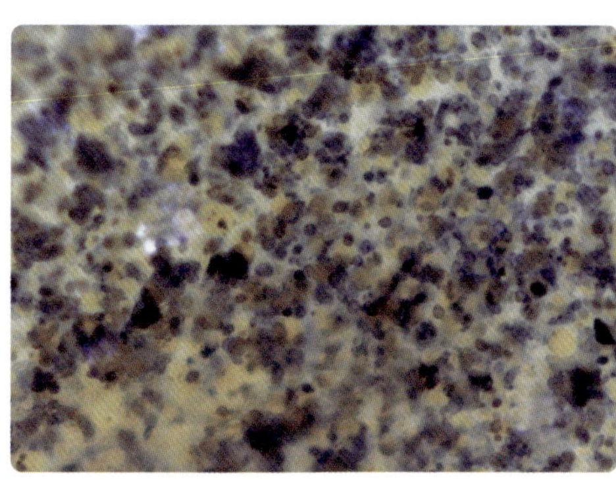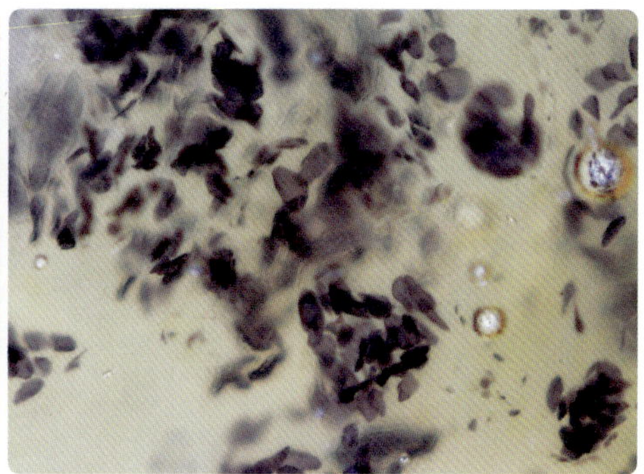

밤과 바나나의 녹말(500배)

쌀, 감자, 옥수수… 그 맛의 차이는?

쌀과 옥수수의 주성분은 동일한 녹말이지만 그 속에 포함된 미량 성분에 의해서 맛은 큰 차이가 나지요. 또한 찹쌀°°은 우리가 주로 먹는 멥쌀과는 달리 훨씬 더 쫄깃쫄깃합니다. 왜 그럴까요?

녹말은 순물질이 아니라 아밀로오스와 아밀로펙틴이 섞여 있는 혼합물입니다. 그런데 아밀로펙틴 성분이 더 찰지기 때문에 이들의 상대적인 양에 따라서 녹말의 구조나, 맛 그리고 굳기가 다릅니다. 예를 들어 멥쌀, 옥수수, 콩 등은 아밀로오스가 약 50 %, 감자는 아밀로오스가 약 20 %이지만, 찹쌀과 찰옥수수는 거의 아밀로펙틴입니다. 따라서

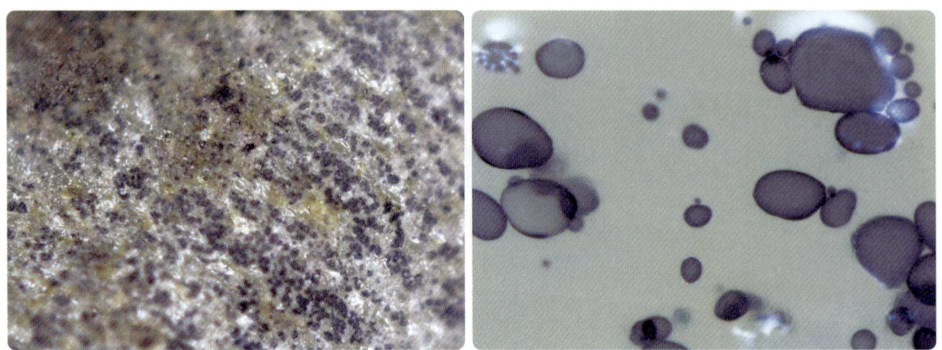

쌀과 옥수수의 녹말(500배)

아밀로오스와 아밀로펙틴의 구조

찹쌀과 찰옥수수가 매우 찰진 것입니다.

아밀로오스는 200개 이상의 포도당이 1번과 4번 위치에서 $\alpha-1,4$ 결합으로 연결된 선형 고분자이며 요오드와 반응하면 청색을 띱니다. 그리고 아밀로펙틴은 선형 아밀로오스 고분자 사슬들이 1번과 6번 위치에서 $\alpha-1,6$ 결합에 의해 서로 연결되어 주사슬과 가지를 형성하며 요오드와 반응하여 자색을 띠지요. 따라서 이들의 비율에 따라 녹말과 요오드가 반응하면 청색이나 자색 혹은 청자색을 띠는 것입니다.

다양한 녹말을 볼까요?

파인애플이나 감은 대부분의 녹말이 분해되어 있기 때문에 녹말은 거의 없습니다. 반면에 사과나 키위에는 녹말이 많지요. 이처럼 녹말이 많은 곡식이나 과일은 씹을수록 아밀라아제 효소에 의해 녹말이 엿당으로 분해되기 때문에 점점 더 단맛을 느낄 수 있습니다.

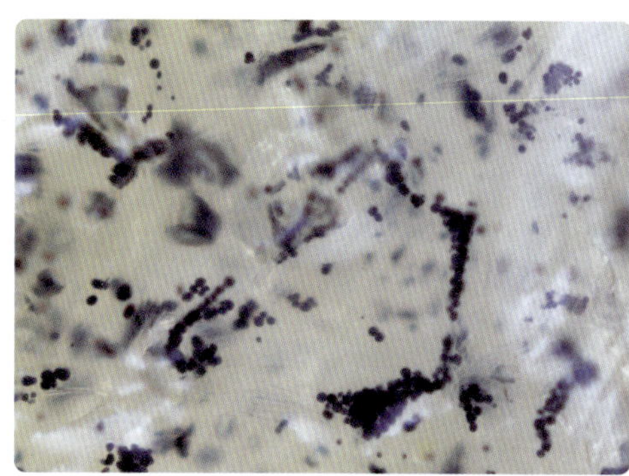
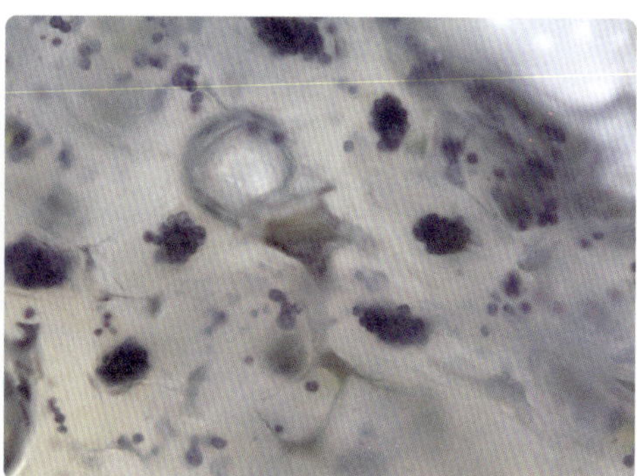

사과와 키위의 녹말(500배)

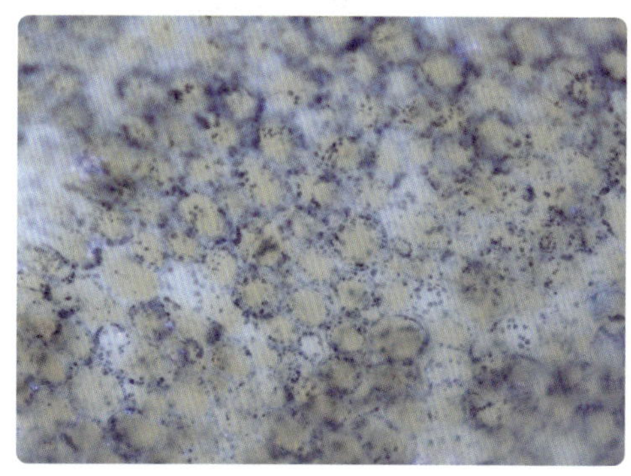
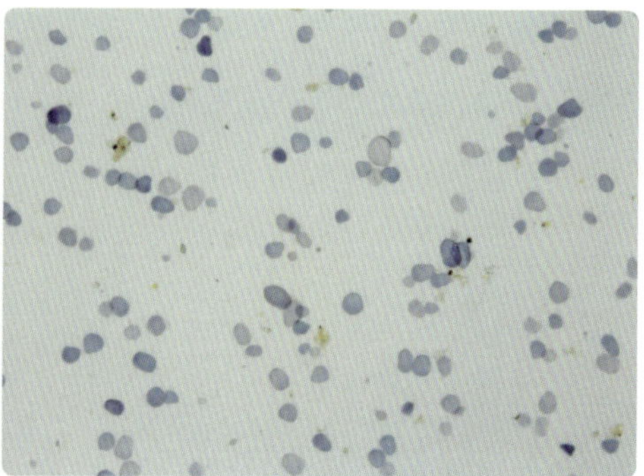

콩나물과 생강의 녹말(500배)

해장국의 콩나물, 김장을 담글 때 사용하는 생강에도 녹말이 많은데, 생강의 녹말은 모양이 납작하지요.

쌀(β-녹말)과 밥(α-녹말)의 차이는?

아밀로오스와 아밀로펙틴 사슬들이 서로 섞여 있는 쌀에서 이들 중 일부는 수소 결합에 의해 규칙적인 배열을 갖는 미셀 구조를 형성합니다. 이러한 쌀을 물에 넣고 가열하면 물이 스며들면서 미셀 구조를 붕괴시켜 느슨하고 점성이 강한 구조를 갖는 호화 현상이 일어납니다. 즉, 밥이 되는 것입니다.

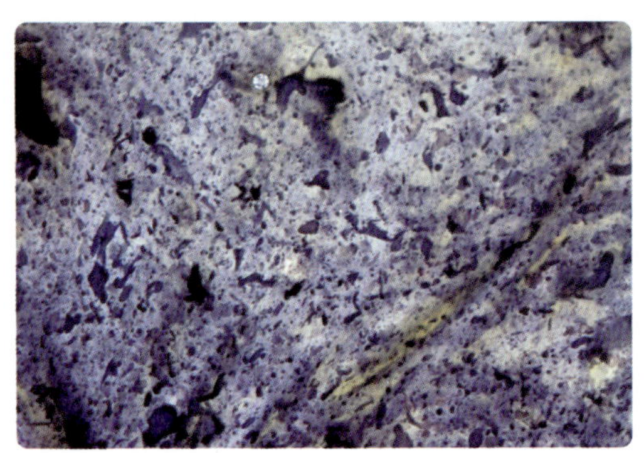

밥의 녹말(500배)

이처럼 결정 구조를 가지고 있는 쌀의 녹말을 β-녹말, 호화에 의해 결정 구조가 붕괴된 밥의 녹말을 α-녹말이라고 합니다. 밀가루 등을 물에 풀어서 가열하여 만든 끈적끈적한 풀도 역시 α-녹말을 이용하는 것입니다.

그렇다면 뜨거운 물만 부어도 바로 요리되는 즉석 식품의 원리는 무엇일까요?

그것은 밥을 지은 후, 85 ℃ 이상에서 수분을 빨리 제거하여 호화된 α-녹말 상태로 건조시키는 것입니다. α-녹말은 빈 틈이 많기 때문에 물이 잘 스며들어 밥이 쉽게 되는 것입니다. 컵라면, 감자 가루와 같은 건조 식품도 같은 원리이지요.

사람은 종이를 먹을 수 없나요?

염소는 종이를 먹을 수 있습니다. 그렇다면 사람은? 물론 먹을 수는 있지만 소화가 되지 않고 배설될 뿐이지요. 그렇다면 사람과 염소는 어떤 차이가 있는 것일까요?

탄소와 수소, 그리고 산소로 이루어진 종이의 주성분인 셀룰로오스는 화학적인 조성에는 녹말과 큰 차이가 없습니다. 그러나 분자 구조는 약간의 차이가 있지요. 즉, 녹말은 단당류를 연결하는 산소가 같은 방향으로 배열되어 있지만, 셀룰로오스에서는 위와 아래로 번갈아 연결되어 있습니다.

● 단당류
더 이상 가수분해되지 않는 당으로서 포도당, 과당, 갈락토오스 등이 있다.

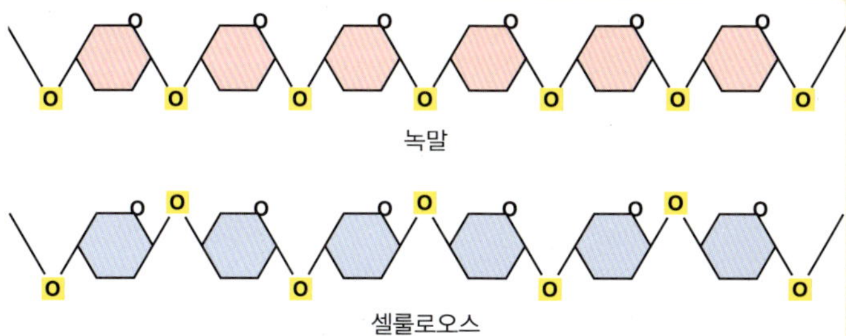

녹말과 셀룰로오스의 구조

따라서 녹말은 아밀라아제 효소에 의해서, 셀룰로오스는 셀룰라아제 효소에 의해서 분해되지요. 그런데 사람에게는 아밀라아제 효소만 있기 때문에 종이를 소화시킬 수 없습니다. 반면에 염소는 셀룰라아제 효소를 갖고 있기 때문에 종이를 먹을 수 있는 것이지요.

Quiz

이것은 무엇일까요?

(30배)

애니메이션 '벅스라이프'를 본 적이 있나요? 개미왕국의 추수가 시작될 때면 포악하고 욕심 많은 메뚜기 호퍼가 이끄는 무리들이 나타나 행패를 부립니다.

이때 개미왕국의 꾀돌이 플릭은 수확량을 획기적으로 증가시킬 수 있는 탈곡기를 발명하지만, 오히려 이로 인해 쌓아둔 곡식을 모조리 연못에 빠뜨리게 되지요. 이에 화가 난 호퍼는 이전보다 두 배나 더 많은 곡식을 바치라는 으름장을 놓습니다.

개미왕국의 아타 공주는 호퍼로부터 개미왕국을 구원할 용병을 스카우트하는 막중한 임무를 플릭에게 부여하는데….

이것은 주인공 플릭이 용병을 스카우트하기 위하여 길을 떠날 때 협곡을 건너기 위해서 낙하산 대신에 사용했던 식물의 씨앗입니다. 해마다 4월이 되면 바람에 의해 날리는 솜털 같은 이 씨앗에 의해 들판에는 하얀 눈송이가 내리는 것과 같은 광경을 연출하기도 하지요. 그렇다면 이것은 무엇일까요?

20. 우리 것?

토종민들레

민들레 홀씨를 호~하고 불어서 날려본 적이 있나요? 홀씨란 민꽃식물이 무성생식*을 위해서 바람에 의해 이동하는 세포입니다. 민들레는 꽃식물이기 때문에 홀씨가 아니라 씨앗입니다. 그러나 바람에 날리는 것이 홀씨와 비슷하기 때문에 민들레 홀씨라고 부르는 것이지요.

민꽃식물이란 꽃이 피지 않고 포자로 번식하는 식물입니다. 꽃식물은 꽃이 피어 종자로 번식하는 종자식물로 대부분의 나무나 꽃이 이에 속합니다.

민들레 홀씨(30배)

홀씨가 빠진 밑둥(50배)과 민들레 홀씨(200배)

　실제로 홀씨는 양치식물(고사리, 쇠뜨기), 선태식물(이끼
류), 균류(곰팡이나 버섯) 그리고 조류(파래, 미역 등 바다
의 민꽃식물)에서 볼 수 있습니다.

고사리 잎에 달린 포자

토종민들레와 서양민들레?

　민들레에는 토종민들레, 흰민들레, 서양민들레 등이 있
습니다. 그렇다면 토종민들레와 서양민들레는 어떤 차이가

있나요?

토종민들레는 씨앗이 싹을 틔우고 꽃이 피려면 여러 해 걸리며, 자가수분을 하지 않습니다. 설령 자가수분을 하더라도 발아가 되지 않는 무정란과 같은 씨앗이 되지요. 그러나 서양민들레는 그 해에 꽃을 피우고 씨앗을 만들며 자가수분도 가능하기 때문에 번식력이 매우 강합니다. 따라서 우리 주위에서 발견되는 민들레는 대부분 서양민들레이며 토종민들레는 찾기가 쉽지 않습니다.

어떻게 구분할까요?

토종민들레는 꽃받침이 위로 향하면서 꽃을 차분하게 감싸고 있습니다. 반면에 서양민들레는 꽃받침이 아래로 향

토종민들레의 꽃과 홀씨

서양민들레의 꽃과 홀씨

하고 있으며 홀씨가 토종민들레보다 작지요.

이외에도 화분이나 씨앗의 형태가 다릅니다. 토종민들레 홀씨의 밑둥은 아래가 좁고 위가 크지만 서양민들레는 날렵한 모양을 하고 있습니다.

민들레의 성장 과정은?

민들레는 나비나 벌과 같은 곤충의 도움으로 가루받이를 하지요. 가루받이가 끝난 민들레는 꽃대를 아래로 늘어뜨리고 씨앗을 기릅니다. 그리고 씨앗은 바람에 의해 솜털과 같은 깃털을 펴서 공중으로 날아가서 땅에 뿌리를 내려서 싹을 틔우지요. 이렇게 겨울을 난 민들레는 봄에 꽃잎을 피우고, 다시 많은 씨를 맺게 되는 것입니다.

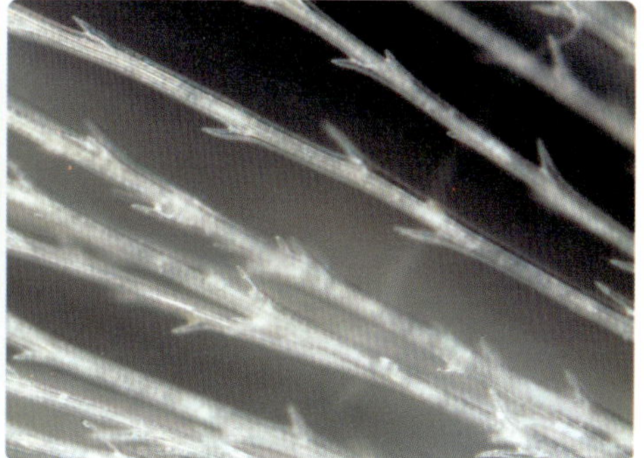

민들레 홀씨의 윗부분과 홀씨의 갓털(500배)

그런데 민들레 홀씨의 갓털에는 창살처럼 뾰족한 가시들이 있습니다. 이 가시의 역할은 무엇일까요? 생물의 본능 중의 하나는 종족을 보존하는 것입니다. 자신은 이 땅에서 사라지지만 자신의 몸에서 태어난 자손이 연속적인 삶을 이어가는 것이지요. 민들레 홀씨의 갓털에 난 가시도 홀씨를 잘 정착시켜 번식을 돕기 위한 것이겠지요?

무궁화 꽃가루(200배)

무궁화의 꽃가루도 복어나 기뢰[●●]처럼 수많은 돌기가 나 있습니다. 즉, 이러한 돌기는 꽃가루가 암술 위에 착상이 더 잘 되도록 도와주는 것입니다.

국화과의 루드베키아나 봉숭아과의 봉선화의 꽃가루도 비슷한 돌기를 갖고 있지요. 루드베키아는 화반이 옥수수 이삭처럼 솟아오른 원뿔 모양[●]이기 때문에 콘 플라워(cone flower)라고도 합니다.

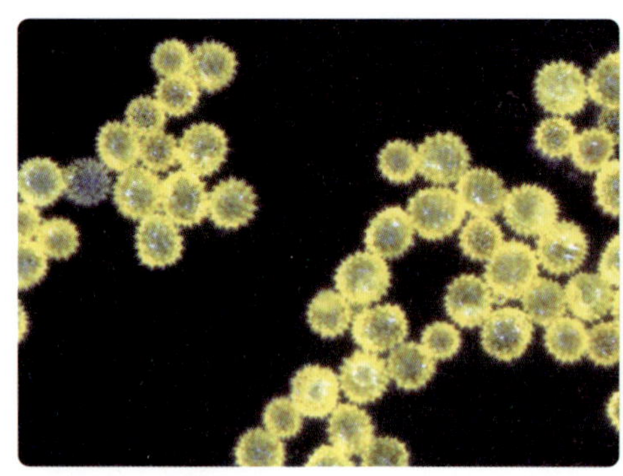

루드베키아 꽃가루(500배)

봉선화 꽃가루(500배)

꽃가루 알레르기의 주범은?

꽃은 꽃가루받이 방법에 따라서 충매화, 풍매화, 조매화, 수매화로 나누지요. 어떤 차이가 있을까요? 곤충에 의하여 꽃가루가 옮겨지는 충매화는 곤충을 유인하기 위하여 화려하고 향기가 있습니다. 바람에 의하여 꽃가루가 옮겨지는 풍매화는 꽃이 화려하지 않고 꿀이 없지요. 그리고 새에 의해 꽃가루가 옮겨지는 조매화, 물에 의하여 꽃가루가 옮겨지는 수매화가 있습니다.

그렇다면 이들 중 꽃가루 알레르기의 원인이 되는 것은 어떤 꽃가루일까요? 주로 풍매화입니다. 풍매화는 바람에 의해 수정해야 하므로 꽃가루가 작고 가벼우며, 양이 많습니다. 또한 공기 주머니와 같은 기관이 있어 가볍기 때문에 공기 중으로 잘 퍼져 나갑니다. 소나무 꽃가루에서 두 개의 공기 주머니가 보이지요?

장미 꽃가루(50배)

소나무 꽃가루(500배)

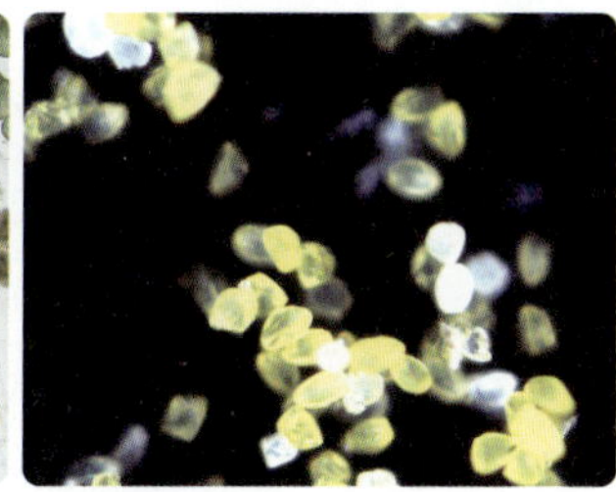

동백나무 꽃가루(500배)

귀화 식물에는 어떤 것이 있나요?

서양민들레처럼 외국에서 우리나라에 유입되어 야생 상태에서 환경에 적응하고 여러 세대를 거쳐 토착화되어 번식하는 식물을 귀화 식물이라고 합니다. 그러나 외래 식물은 열대과일이나 채소처럼 지속적인 관리를 해야만 번식이 가능하기 때문에 귀화 식물과는 약간의 차이가 있습니다. 따라서 귀화 식물은 외래 식물보다 번식력이 뛰어납니다.

귀화 식물들

　　서양민들레 외에도 흔히 볼 수 있는 귀화 식물로는 개망초, 토끼풀(클로버), 강아지풀, 돼지풀 등이 있지요. 그리고 냉이, 자주달개비, 쑥, 억새, 질경이, 괭이밥, 칡 등도 귀화 식물입니다. 이러한 귀화 식물들 중 일부는 번식력이 지나치게 강하거나 우리의 자연 환경과 맞지 않아 생태계 파괴의 주범인 경우도 있습니다.

　　귀화 식물들은 식용, 약용, 또는 관상용으로 사용되지만, 돼지풀처럼 꽃가루에 의해 알레르기성 비염을 유발시키는 식물도 있습니다.

　　디지털 현미경을 구입하여 사물을 관찰하기 시작한 지 이제 1년이 조금 더 지났습니다. 휴대폰의 디스플레이를 처음으로 보았던 날… 벅찬 감동으로 클럽에 글을 올렸지요. 그 후로 사물을 하나하나 관찰할 때마다 느꼈던 그 감동은 이루 말할 수 없었습니다. 대학에서 4년, 석·박사 과정 6년, 그리고 연구원에서 5년, 총 15년여 동안 과학을 배우고 연구를 수행했지만, 현미경으로 바라보는 사물들을 통하여 이전과는 다른 새로운 세상을 만날 수 있었지요.

　　특히 꼴뚜기의 보호색이 나타났다 사라지는 그 광경을 여러분들에게 직접 보여주지 못하는 것이 아쉬울 따름입니다. 고향 앞바다의 모래에서 발견한 유공충 껍데기를 화석으로 오해하여 잠시동안 흥분했었던 그 긴장감도 잊을 수 없습니다. 또한 나방의 날개에 있는 인분에서 창조의 신비를 보는 것 같았지요. 이외에도 곤충의 겹눈, 식물의 기공, 열매의 녹말, 일반 커피와 고급 커피의 차이 등 모든 것에는 신비한 과학 세상이 그대로 담겨 있었습니다.

　　이러한 현미경 관찰 기록들이 쌓여서 이제 한 권의 책으로 출판하게 되었습니다. 제가 모든 분야의 전문가가 아니기 때문에 더 자세한 검증을 거쳐야 하는 것이 아닐까? 또한 현미경 사진이 더 선명해야 하는 것이 아닐까? 라는 망설임도 있었습니다. 그러나 현미경과 함께 느꼈던 감동을 여러분들과 한시라도 빨리 공유하고 싶은 마음에서 서둘러 책을 출간하게 되었습니다.

　혹시 잘못된 부분이 있다면 너그러이 이해해 주시고 연락을 주시면 차후에 수정 하도록 하겠습니다.
　지금까지 이 책과 함께 저의 현미경 관찰 기록을 공유하신 모든 분들께 감사를 드리며, 이것이 끝이 아니라 앞으로도 현미경을 이용한 과학 세상의 관찰은 계속될 것을 약속 드립니다.

● 찾아보기

ㄱ

가루받이 209
간수 31
간의 43
강모 147
강사 106
결정 37
겹눈 165
경계색 183
고급커피 21
고로쇠 27
고분자 87
곤충 165
곱슬머리 117
공변 세포 190
관다발 192
광학 현미경 11
굵은 소금 31
귀화 식물 212
극세사 92
글루탐산나트륨 33
기공 190
꼴뚜기 178
꽃가루 알레르기 211
꽃소금 32
꽃식물 206

ㄴ

나방 148
나비 148
나일론 89
나전칠기 77
낱눈 165
냉동건조 21
녹말 199
누에 151
누에나방 152

ㄷ

다방커피 22
덱스트린 126
동물성 섬유 99
동화 녹말 199
디스플레이 장치 58
디지털 현미경 14

ㄹ

레이저 프린터 75
루드베키아 210

ㅁ

막대 세포 167
맛소금 33
매직블록 90
메이플 슈거 27
멜라닌 135
명주실 156
모래 103

ㅁ

모래시계 106
모발 116
무구정광대다라니경 67
무지개 77
물관 192
미세문자 40
미셀 구조 202
미원 34
민꽃식물 206

ㅂ

발광 다이오드 62
발효 조미료 34
백설탕 24
벨크로 169
벼룩안경 10
변태 153
보현산 천문대 50
보호색 177
분무건조 21
불완전 탈바꿈 153
비누 139
빛의 삼원색 59
빨판 182

ㅅ

사탕무 27
삼원당 25
새치 115
색의 삼원색 59
생체 모방 기술 161

생체 인식 134

서양민들레 208

석영사 105

설탕 24

설탕 결정 26

셀룰라아제 효소 203

소금 30

소금쟁이 172

손금 133

손톱 138

스페이서 59

식물성 섬유 99

ⓞ

아밀라아제 효소 203

아밀로오스 200

아밀로펙틴 200

암모나이트 101

액정 디스플레이 62

열가소성 고분자 87

열경화성 고분자 87

염분 32

오존층 파괴 187

오징어 180

완전 탈바꿈 153

외래 식물 212

우화 154

울리 가공 90

원뿔 세포 167

원자 현미경 13

원자힘 현미경 13

유공충 104

유전자 감식 117

의태 183

이중 미세모 칫솔 129

인공 망막 169

인모 145

인분 145

일반커피 21

ⓩ

자산어보 180

자일리톨 131

장영실 43

재결정법 32

저장 녹말 199

전동 칫솔 129

전자 현미경 12

점묘화 68

접사 61

정맥인식 136

제당 24

조매화 211

주광성 149

주류성 149

주사 전자 현미경 12

주사 터널링 현미경 13

주성 149

주열성 149

주지성 149

주촉성 149

주화성 149

증산 작용 191

지구 온난화 187

지문 134

직모 117

직지심경 67

ⓧ

천상열차분야지도 50

천연 섬유 98

초극세사 92

초파리 158

충매화 211

충치 123

측우기 49

치석 127

치아 123

치태 126

칫솔 129

ⓚ

카멜레온 180

카페인 19

커피믹스 22

ⓔ

탄수화물 198

탈바꿈 153

터널링 현상 13

토너 72

토종민들레 208

투과 전자 현미경 12

투명 치약 128

ㅍ
파마 118
패사 104
패스트푸드 197
팽압 190
표면장력 171
풍매화 211
프레온 가스 187
플라즈마 표시장치 62
피부융선 133

ㅎ
한살이 153
합성 섬유 98
합성 세제 139
해사 106
해충 152
현무암 19
현미경 10
호화 202
혼천시계 50
혼천의 50
홀씨 206

홍채 인식 134
홑눈 166
화산회사 104
화석 101
황설탕 24
회절격자 79
흑설탕 24
흰머리 113

CD 81
CMYK 색상 체계 71
RGB 색상 체계 71

Quiz

이것은 무엇일까요?

(50배)

SF 영화 '스타워즈(star wars)'를 본 적이 있나요? SF란 'Science Fiction'의 줄임 말로서 '과학적 허구'라는 뜻이지요. 즉, SF 영화란 과학적으로 근거는 있지만, 현재로서는 불가능한 가상적인 내용을 담은 공상과학 영화입니다.

스타워즈는 '새로운 희망(1977)'을 시작으로 '제국의 역습(1980)', '제다이의 귀환(1983)'이 시리즈로 발표되었지요. 그런데 이 후에도 그 인기가 계속되자, 조지 루카스 감독은 후속편인 '보이지 않는 위협(1999)', '클론의 습격(2002)', '시스의 복수(2005)'를 제작했습니다.

그러나 후속편의 배경은 이전에 제작한 세 개의 시리즈들보다 더 앞선 시대를 다루고 있습니다. 따라서 처음 발표한 시리즈가 스타워즈 에피소드-4. 5, 6번, 후속편으로 제작된 시리즈가 스타워즈 에피소드-1, 2, 3번인 것입니다.

그렇다면 이것은 무엇일까요?

마치 원숭이 같지 않나요? 아니면 스타워즈 시리즈에서 절대적인 카리스마를 내뿜는 악당 '다스베이더'가 비밀리에 복제되고 있는 것일까요? 그렇지만 이들은 여러분들이 밥을 먹을 때 사용하는 도구 안에 빼곡히 들어 있습니다. 과연 어디에 있을까요?

《웰컴 투 더 마이크로월드》시리즈 2에서 공개됩니다.

개정판
현미경으로 본 세상
웰컴 투 더 마이크로월드

지은이 • 홍영식
펴낸이 • 조승식
펴낸곳 • 이치 SCIENCE
등록 • 제9-128호
주소 • 142-877 서울시 강북구 라일락길 36
www.bookshill.com
E-mail • bookswin@unitel.co.kr
전화 • 02-994-0583(代)
팩스 • 02-994-0073

2008년 9월 25일 1판 1쇄 발행
2009년 11월 30일 개정판 1쇄 발행

값 13,000원
ISBN 978-89-91215-86-3

＊잘못된 책은 구입하신 서점에서 바꿔 드립니다.
이 도서는 (주)도서출판 북스힐에서 기획하여 도서출판 이치사이언스에서
출판된 책으로 (주)도서출판 북스힐에서 공급합니다.
142-877 서울시 강북구 라일락길 36
전화 • 02-994-0071 팩스 • 02-994-0073